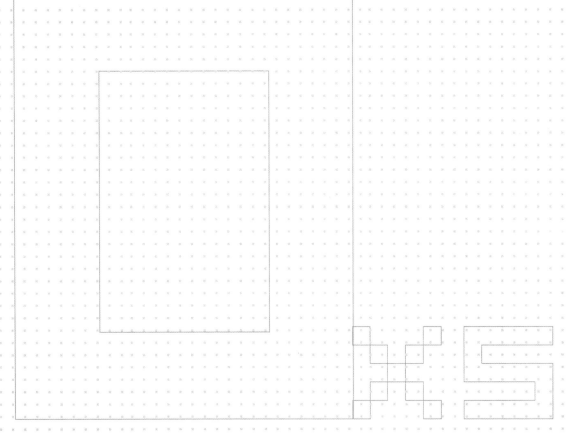

10×5 "再构院中院"创作活动
首届全国美术院校建筑及环艺专业教师创作提名展作品集

主编 黄 耘

中国建筑工业出版社

顾　　　问：罗中立　四川美术学院院长
　　　　　　王珮云　中国建筑工业出版社社长
编委会主任：张惠珍　中国建筑工业出版社副总编辑
　　　　　　罗　力　四川美术学院常务副院长
　　　　　　吕品晶　中央美术学院建筑学院院长
编　　　委：王海松　马克辛　吕品晶　李东禧　苏　丹　吴　昊　邵　健
　　　　　　赵　健　郝大鹏　唐　旭　黄　耘　彭　军　詹旭军

主　　　编：黄　耘　四川美术学院建筑艺术系副主任

10X5"再构院中院"创作活动
首届全国美术院校建筑及环艺专业教师创作提名展作品集

提名教师：
广州美术学院　李小霖
上海大学美术学院　莫弘之
中央美术学院　刘文豹
中国美术学院　孙科峰
天津美术学院　高　颖
四川美术学院　胡江渝／韦爽真
西安美术学院　袁予生
清华大学美术学院　崔笑声
湖北美术学院　黄学军
鲁迅美术学院　林春水

参加学生：
四川美术学院 2003 级建筑设计、2004 级环境艺术设计专业等

承办：四川美术学院

CONTENTS 目 录

- 4 | 序
- 6 | 十面埋伏
- 8 | 时空切换

- 10 | 设计创作
  - 10　重游桃花源
  - 21　反寄生——老院子的基因扩张
  - 32　源——乡村印象
  - 43　痕迹
  - 54　记忆空间网络
  - 65　形式的原创
  - 76　伏隐——再构"院"中"院"
  - 87　一颗印
  - 98　"容"与"器"——混沌·相生
  - 109　移动的院落
  - 120　从寻找到体验

- 131 | 评论：为中国设计、为农民设计

- 132 | 创作日志

- 138 | 后记

序

全国十大美院的建筑及环境艺术设计专业"10×5"创作科研活动,是各美术院校推荐一名教师,四川美院为每位教师配备五名本科学生作为助手,开展的一项专题设计创作科研活动。这项活动是全国美术院校之间难得的一次交流机会,十大美术院校教师聚集在一起开展创作科研的交流,所取得的成果将对我们美术院校的建筑及环艺专业的教学改革的思考具有非常积极的意义。四川美术学院搭建的这次平台,我想仅仅是一个开端,各兄弟院校之间应在总结的基础上,把这样一种活动更深层次地延续下去,可以办成"双年展"的形式。

我认为建筑是一切艺术的综合体。欧洲的建筑教育首先是在艺术院校举办的。近年来,中国的美术院校也相继举办了建筑学专业,这是社会发展的必然趋势。在国外看来,中国是世界上最大的"工地"。大工地的意思就是说中国的建设朝气蓬勃,中国的经济发展有极大的潜力。对于建筑行业这是一个千载难逢的历史性机遇;对建筑教育的发展而言,也是充满了前所未有的机遇和挑战。建筑学专业对于美术院校来说,是一个既有渊源关系,又非常特别的学科。虽然,四川美院建校初期设有建筑学科,但几十年来被定位成美术单科院校,建筑学科的体系没有延续下来,2000年川美举办建筑学专业也完全是重新建立的一个新专业。我希望通过更多院校之间的学术交流活动,来加快完善美术院校建筑学科体系的步伐。

这次创作科研活动的主题是"再构院中院",是以重庆大学城四川美院新校区保留的一组"老院子"作为设计创作的参照对象。我认为"大学城"也是城市建设的一种类型,怎样去建设,是一个值得深入探讨的问题。每一个学校必须根据自己的情况来决定学校建设的步伐、规模和最终形态。根据学校办学规模发展,重庆市批准川美新校区为1000亩土地,而我们的建设资金非常有限,学校领导班子明确提出了"以低成本、大空间、建筑的可伸展性作为新校区建设的原则;关照当地原生态的乡土文化氛围与当代建筑的创新观念为新校区建设的理念;利用和发挥艺术院校优势,提倡生态、环保、节约的建设作法。"我们在新校区规划与建设中体现了"十面埋伏"概念,不铲一个山头,不贴一块瓷砖,尽可能使建筑与自然环境浑然一体;我们保留了当地原住民的一组老院子,把当地的农民留下来,给予恰当的关照,延续他们的耕作与生活,为大学城留下了一点历史的记忆;那些成片的农作物不仅关照了原住民的生息,并成为了川美新校区具有原生态、节约型的"绿化",也是很好的学生写生基地。实际上这是我们在新校区建设与原生态历史文脉保护相结合方面的一次实践探索,这个做法得到了政府认可,农民也能够认同,这对于中国这样一个发展中国家,对于城乡统筹发展的探索特别有意义。

重庆市作为全国统筹城乡综合配套改革试验区,在探索城镇化建设、社会主义新农村建设中,建筑专业面临着许多新的课题要研究。在快速的城市化进程中,关注农民的生活状态,解决农民的实际问题,保护历史文脉的延续是今天城乡建设的关键所在。城市化进程涉及大量的农民搬迁,什么样的新居能够符合他们的需求呢?新的城镇建设又应该是什么样的形态呢?我想不仅要有生态、环保、集约、智能等新建筑的理念,传统文脉和地域建筑文化的保护可能是更重要的一个问题。从重庆沿长江而下,艺术院校的专业人士都会关注三峡移民后建成的一片片新城,都会发出惋惜的感叹!三峡库区新城的建筑,从艺术角度来讲是很大的失败。大家一定不愿意看到我们的历史文脉、地域文化就在这一片片新的"城市森林"中消失;我们一定会质疑这种现象,并且有解决这些问题的冲动。我认为美术院校的建筑及环境艺术学科有一个很重要的历史使命,就是要在当代城市建设、建筑及环境景观设计中保护和发展传统文脉和地域文化特色。高校除了教育新人以外,还应该发挥创作科研的优势,力所能及地参与到城乡发展的建设探索之中,为当地农民兄弟解决一些实际问题，为政府提供一些必要的咨询和建议。如果全国东南西北中的美术院校建筑及环艺学科专业，都能够根据所在地区历史文脉和地域文化特色的实际，拟订出一套套具有针对性的城镇化建设模式或新农村新居建设方案，能够对政府的决策产生一定的影响，我想今天全国各地的城镇化建设和新农村建设应该有一个全新的面貌。这是全国的美术院校建筑及环艺专业应该做、也可以做到的课题研究。

在中国改革开放30年后的今天，能够以"再构院中院"为题，从建筑及环艺学科的角度，把城市化进程与关注农村发展和关注农民生存状态联系起来作为重点思考的课题，应该是有很强的现实针对性和广泛的社会意义。我相信不久的将来，农村的建设和农民的居住建筑将成为中国建筑行业最为突出的一个热点。美术院校建筑及环境艺术学科专业的目前的这些思考与研究，一定会为下一步学科发展和打造学科专业的特色奠定一个良好的基础，这也可以说是开展"10×5"创作科研活动的根本意义。

（罗中立，四川美术学院院长）

2007年9月于川美新校区

新校区也是城市建设的一种类型,怎样去建设?

我们提出以低成本、大空间、建筑的可伸展性作为我们建设的原则。
我们不铲一个山头,不贴一块瓷砖,提倡环保、节约。

新校区建筑,是一项科研课题。
我们实际上做了一个将原生态农村与新校区建设结合起来的研究与实践。

——罗中立

"七个小矮人"——设计学院教学楼

现代建筑院落中的"历史记忆"

十面埋伏

四川美术学院新校区 从规划到建设

埋伏在自然记忆的土地中的校舍

四川美术学院的校园需要体现其建造的时间、空间以及自身的艺术传统，在这样的校园规划里，面对一块充满了自然记忆的土地，更重要的不是创造什么，不是去大刀阔斧地改变什么，而是在基地中为创造埋下伏笔，等待艺术家和建筑师去创造他们的梦，等待教师、学生和过客的发现。本规划将未来的校园形成为一个十面埋伏的阵地。

村中城

城中村

村中院

院中村

院中院

现代校园中的乡土情结和泥土气息

时空切换

关于10×5竞赛场地 老院子 从自生到再生

新校区的规划理念中,
是强调将当地的农民留下来,
将老院子保留,作为景观场地要素的一部分。
农民耕作的农作物成为四川美术学院的校园绿化,
尽量保留原生态和场地特质。
规划能关照到原生态和当地的乡土文化,
这成为我们新校区建设的一个理念。
"老院子"自然而然作为乡土文化的形态在学院被保留下来。

——郝大鹏

时空隧道——从过去到现在再到未来

一个处处充满了发现，充满了偶然性和不确定性的校园，为未来的建筑和艺术创作提供更多的引导而非限制。

时空对话——新老建筑和环境的和谐共生
现代与历史交融并存的川美新校区

场地内保存着许多良好的自然记忆，一些来自于地理条件，一些是已经积淀到自然之中的历史记忆。

保留下来的原生态景观、乡土建筑和农耕生活场景

消失的校园——教学楼弥漫在农舍前燃烧的稻草烟雾中

"在路上"——放学的同学成为乡土生活场景中的演出者

时空切换

设计创作

上海大学美术学院

主　　持：莫弘之／上海大学美术学院建筑系教师
设计小组：何　曦　吴华银／四川美术学院03级建筑系
　　　　　祖晓琳　蒲劲松　黄　瑾／四川美术学院04级环艺系

重游桃花源

本设计采用动静结合，对景观与历史文脉，景观与地域特色及未来发展进行了积极的思考和探索，并将对生态、自然、可持续发展理念的重视融入到设计理念及构思过程中，让人们更能感受这个地方的文化特征。该基地保存着良好的自然记忆，一些是来自于自然环境，一些是已沉淀到自然中的历史，所以自然记忆的保留也是本设计的重要理念之一。设计采用以人为本的设计原则，体现人性化功能，满足人的视觉、听觉、嗅觉、触觉等生理系统的要求，真正让人感受此环境是无污染，无噪声的。遵循自然的原则，充分结合这里的自然环境条件创造独特的景观环境。以人参与为原则，让人亲身参与对这里的动物、植物、水系的呵护，能够与之共存。对这里的人的生活方式、历史发展等文化内涵充分提炼，将本土文化发挥得淋漓尽致。这里的池塘，引用纯天然无污染的芦苇床，遵循生物循环的原则使其水质得以净化。总体构思是以历史文化的发展延伸作为精神线索，以"老院子"的人文文化、地域特征、自然资源为主题，对环境进行统一的规划设计，从而达到充分整合环境资源，提升设计的目的，将其原生态进行适当的改造和保护。

老院子，隐藏于四川美术学院的一个"世外桃源"，像一张老照片一样，一个保存原始记忆的领地。这里拥有一个自然形态的湿地和水体，在植物的配置上也保留了原有的自然形态，让这块地成为工业化景观建筑的原始样本。院中院是对巴蜀生态的保留，所代表的巴蜀传统文化应成为四川美术学院的精神核心，也让老院子担当了四川美术学院与传统巴蜀文化的桥梁和纽带。

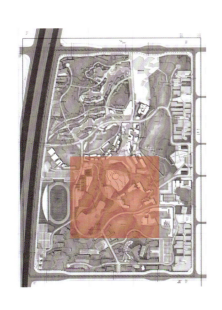

场地解读
——文化的传承

重庆这样的山城不像平原城市，它更具山地城市的发展优势：峭壁陡坡，大山大水既是重庆区别于其他城市的特色，也是重庆特有的宝贵资源。同时它在抗战文化、码头文化、陪都文化以及巴渝文化的积淀，更具山城的魅力。

巴渝民居，其地基高低不平和建筑物扭转使其呈现出了立体的美态。由于它具有丰富的山地空间结构和山城文化特色，从而构成了具有立体文化特征的山地空间结构。城市化大发展的今天，巴渝民居已成为城市发展的障碍。这些地方不能让其自生自灭，更不能大拆大建，应该是在保留原有的基础上怎样传承地域文化，怎样体现山地空间结构，怎样保护地域环境，提升土地的利用价值从而实现山地城市的协调和可持续发展。

喧闹的大都市已不再是人们梦寐以求的地方，具有乡土情怀和文化积淀的地方便成为了人们闲时的好去处。

把川美新校区建设成为重庆市大学城中集艺术教育、艺术创作、艺术产业服务、文化艺术市场、艺术体验为一体的人文艺术中心，建成校园人文化、环境生态化、景观艺术化、信息数字化的特色校区，已成为了大学城的一大亮点，也是回归自然，实现可持续发展的典范。

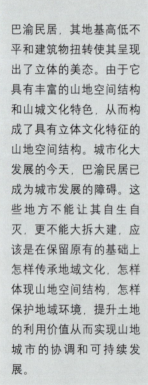

针对四川美术学院新校区规划方案，提出"十面埋伏"、"乡土氛围"的概念，保留老院子原有的建筑形态，传承巴渝文化，结合川美的艺术文化。把老院子提升到更高的精神层面，使其成为文化艺术的胜地。

场地解读
—— 老院子现状分析

优势

在这块"净土"中,保存了良好的自然记忆和纯生态的自然景观,更保留了一些本土文化,让乡村气息得以传承。在开发和改造的过程中让植被尽量少受破坏,依山傍水的地理优势使得老院子没有受到太多的污染。在老院子里面栽种了很多的农作物和蔬菜,以及摆放的一些传统农具,让环境更加生活化、更加富有亲切感。

劣势

一个有人生存的地方,难免会有些遗留的痕迹出现。首先是生活污水的排放,没有得到一个合理的处理,就会产生或多或少的污染问题,这也是我们最为关注的地方。再有就是,生活物品的摆放形式,如果没有一个合理的方式,难免会显得散乱无章,规整合理的摆放会让有限的空间得到更大的利用。

——气候分析
重庆沙坪坝地区气象数据分析：

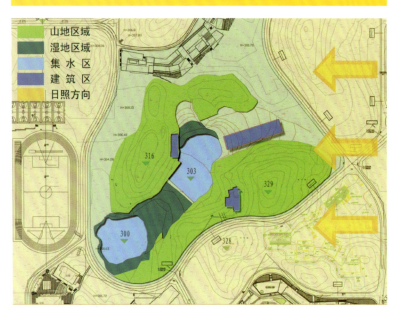

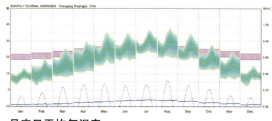

月度日平均气温表：

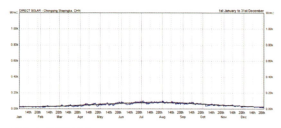

直接日照辐射表：

当地气候条件为典型的多云多雨气候，直接日照量较小，不适宜进行太阳能光热、光伏发电等技术的展开；被动式太阳能建筑取暖的效果也不佳。

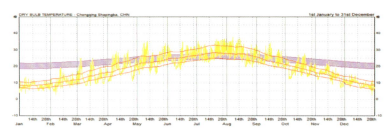

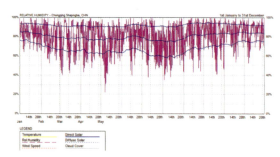

年度干球温度表：

当地气候较为宜人，夏季极端最高温度出现在七月底八月初，正值学校暑假，最冷月最低气温为4摄氏度左右，对主动制冷、采暖的需求不高。

年度相对湿度表：

当地气候非常湿润，全年湿度维持在较高程度，建筑设计时对有特殊需要的房间可考虑除湿设备。

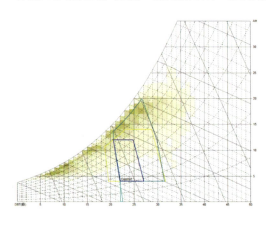

年温湿度表：

从年温湿度表可见，当地全年气候湿润宜人，在主要气候情况下，可通过鼓励自然通风、提高建筑蓄热能力等方法提高建筑的被动式热工性能。

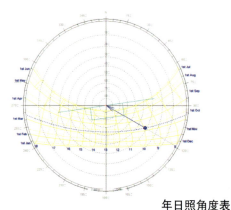

年日照角度表

环境目标及策略
——概念方向

对景观与历史文脉，景观与地域特色及未来发展进行了积极的思考和探索，并将对生态，自然，可持续发展理念的重视融入到设计理念及构思过程中，让人们更能感受这个地方的文化特征。

该基地保存着良好的自然记忆，一些是来自于自然环境，一些是已沉淀到自然中的历史，所以自然记忆的保留也是本设计的重要理念之一。

原则

以人为本，体现人性化功能，满足人的视觉、听觉、嗅觉、触觉等生理系统的要求，真正让人感受此环境是无污染、无噪声的。

遵循自然，充分结合这里的自然环境条件创造独特的景观环境。以人参与为原则，让人亲身参与对这里的动物、植物、生物及水系的呵护，与之共存。对这里的人的生活方式、历史发展等文化内涵充分提炼，将本土文化发挥得淋漓尽致。

总体构思

以历史文化的发展延伸作为精神线索，以"老院子"的人文文化、地域特征、自然资源为主题，对环境进行统一的规划设计，以达到充分整合环境资源，提升此设计的目的，将其原生态进行适当的改造和保护。

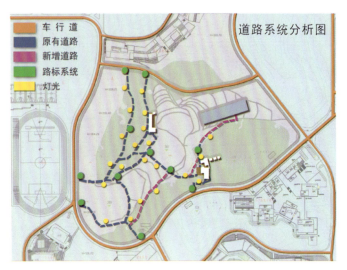

道路系统分析图

图例：车行道、原有道路、新增道路、路标系统、灯光

2. 道路系统：

在对原有道路系统进行分析，总结出了以下问题：

(1) 道路系统还不够完善
(2) 很多木步道还不够节材
(3) 灯光的配置还不够完善
(4) 标识不够明确

对老建筑周边的道路进行了整理，在老院子到图书馆之间重新修建景观道，让同学们在闲暇的时间能从这里穿行到图书馆。另外，为了不让农家院子受到过多的干扰，在老院子增加一条穿越农作物的小道，让同学在观赏景观的同时也不过多干扰院子里的正常活动。另外修通了食堂前面的小木步道，使道路系统更加优化。

3. 标识系统：

我们对场地的第一印象就是标识不明，常居在此的同学几乎没有到过这里，也找不到出入口。
整个场地并没有明确的系统化的标向指示牌。
所以，在对标识的形式进行分析后，采用两种形式表现：固定标识和行为标识。

原有道路

道路结构：

在做道路分析的同时我们发现，可以改造原有木步道的结构，既节省材料，又有效利用了现有材料。改造方法如图：

对原有木步道进行节材的改造，在不影响通行的基础上进行半截面处理。
在结构方式上采用直插式处理，便于维修和拆除。

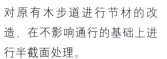

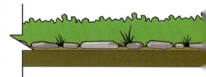

改造后道路

碎石铺路——对原有的基础进行规范化处理，对破损的路面进行适当的修整。

方案说明
——道路系统的强化

1. 灯光系统：

在原有灯光布置的基础上，更加优化灯光的布置，在不增加原有灯光的基础上，调整灯光的疏密关系，对不常走的地方进行灯光的弱化，常走道路强化灯光配置，使灯光系统更加合理。

固定标识：对标识的造型尽量的节俭化，让标识在最简单的造型中能够符合场地的环境需求。

行为标识：任何造型的标识系统，都不能和大自然完全贴切地融合，所以通过"问路—指路"的行为原由，我们采用行为标识，也许人才是更加贴近自然、最能亲近自然的形态。

方案说明
——建筑的功能置换

当老院子作为川美新校区开发前的一个具有当地传统文化的老建筑保留下来的时候，它就成为了川美的一个重要组成部分，当这个具有乡土氛围的老院子与现代意义的大学校园结合的时候，它是否还能在大学校园中继续生存下去是我们考虑的重点。

就其功能而言，它不应该只具有农舍功能，还应该具有一些美术学院的服务功能，例如小型展览、会议、休闲阅读、茶室等，让更多的人能够发现、经过、停留在这里，不然它便只是一个放在大学校园的世外桃源。

因此，功能置换、增加功能，保留老院子原有的建筑形态是我们对老院子改造的出发点。让它为多样化的校园生活和多元化的艺术创作提供场所和源泉。

家禽饲养场布置图

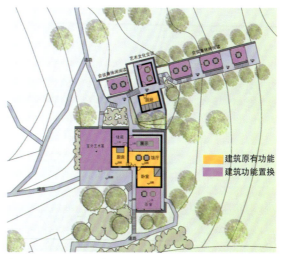

老院子原始功能布置图　　　老院子改造后功能布置图

方案说明
——可持续景观与建筑的结合

雨水收集系统
当地雨水充裕，按不同用水水质需求，雨水收集系统可提供农作物灌溉、厕所冲洗等用水需求。

灌溉用水
灌溉用水对水质要求低，老院子地处一山凹，可结合地形优势设置地面雨水收集渠，在不影响景观的情况下分布一些枕形雨水收集囊。（插图：枕形雨水储藏罐）

储水罐悬浮式出水口
气囊将出水口滤网悬浮在接近液面处，以保证得到最清洁的雨水。储水罐底泄水阀可定期排出沉淀物。

屋顶雨水收集——厕所冲洗
老院子厕所所需冲洗用水可取自屋顶雨水收集系统（插图：自洁型雨水收集滤网）

自洁型雨水收集滤网工作原理
①屋顶雨水到达时，需积累一定量以打开雨水收集阀。
②较大的污垢、碎片等污秽物质被一小部分雨水从旁通阀冲走。
③所有滤网在这一过程中达到自清洁的作用，不仅得到干净的雨水，系统也很少需要维护。
④清洁的雨水从下方流出，储存在储存罐中。
⑤污垢通过旁通阀排出。

分层芦苇床污水处理系统
芦苇床是一种成本低廉、美观、有效、可靠的用于处理生活污水可持续发展技术。芦苇的根系具有传输氧气的功能，有助于污水在根系所处土壤进行有氧分解。本方案利用地形优势，建造三级芦苇床分步处理，污水由重力驱动逐步流经三级芦苇床进行处理，最终产物可直接排放入水体。

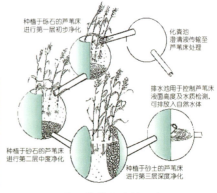

分层芦苇床功能示意图
生活污水经过化粪池后，澄清液由芦苇床处理。第一、二层芦苇床采用垂直水流方式进行初步处理，污水由芦苇床覆土上部的出水口流入，由芦苇床底部的出水口留出，污水由重力驱动逐渐流经前两层处理床。第三层芦苇床为水平水流芦苇床，污水由第三层芦苇床一端进入，另一端排出，水流速度较慢，以进行深度净化。芦苇床寿命大约为10～15年，届时芦苇床分解污水的能力逐步下降，可更换芦苇床中底泥。废弃底泥是肥力很强的堆肥，以实现完全零污染的排放控制。

分层芦苇床功能示意图

方案说明
——可持续景观元素

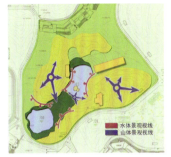

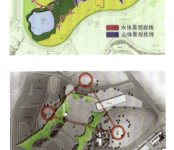

景观视线分析

景观概念

在原有景观的基础上，增加更多的农作物元素，在里面还设了观鸟台，增设一些野生鸟类栖息地，使湿地景观和乡村田园风格紧密结合起来。

观鸟运动介绍

观鸟，与平常玩赏笼中的饲养鸟类不同，观鸟运动侧重于欣赏鸟儿自然的生存状态，而且还积极保护这种生态循环不被破坏。在国外，观鸟这种在19世纪末于欧洲兴起的贵族运动，被认为是一项具环保意义的精神贵族运动。近年来随着人们环保意识的提高和生态环境的改善，我国出现了一批观鸟爱好者，观鸟运动从欧洲飘洋过海，在中国落根壮大。

初步的研究表明，把观鸟作为一项简单的旅游开发是绝对行不通的，必须考虑到观鸟的特殊性质——以保护鸟类的生存环境为前提。否则，如果因为观鸟运动的发展反而无鸟可观，就变成舍本逐末了。

鸟类脆弱的天性需要人类的保护，并保持相当的距离，在设计中必须充分考虑这一点。鸟最敏感，它们一旦认为一个地方被人类占领，便会改变栖息地。

我们在这块生态景观里面增设了观鸟台，可丰富我们的课外知识，也可以让绘画专业的学生真正的近距离观赏鸟，让教学穿插进来，使它与美术学院融为一体。

蓝鹀 Slaty Bunting
习性：栖于次生林及灌丛

黑水鸡 Common Moorhen
繁殖于中国新疆西部、华东、华南、西南、海南岛、台湾及西藏东南等中国大部地区，为较常见留鸟和夏候鸟。

加拿大雁 Branta canadensis
分布范围：广泛分布于北美洲。

暗绿绣眼 Japanese white-eve
分布在中国为华北至西南以南。很常见的夏候鸟或留鸟。

灰背伯劳 Grey-backed Shrik
分布范围：中国国内分布于甘肃、宁夏、青海、陕西、四川、贵州、西藏（夏候鸟、旅鸟）、云南（留鸟）。国外分布于印度及中南半岛（冬候鸟）

成果展示

四川美术学院所需要的是一个国内外学术交流的高级场所，它自身有着历史记忆的优势。老院子——隐藏于美术学院的一片青砖绿瓦。所以在建筑方面，我们没有对它的造型进行改造，我们只是在原有的建筑框架下，强化了它的功能，让它和美术学院的文化更能贴切融合。景观方面，我们让生态的自然景观和农作物的布置进行搭配，也是为了更好追求老院子所独有的自然生态系统的自我循环，让这块土地尽可能地完成自然的循环，使之成为一个脱离污染，不创造污染的生态的"净土"。

清华大学美术学院

主　　持：崔笑声／清华大学美术学院环艺系教师
设计小组：彭　超　刘　伟　黄　娇／四川美术学院03级建筑系
　　　　　韦　昳　王　虹／四川美术学院04级环艺系

反寄生 —— 老院子的基因扩张

大学城坐落于重庆市沙坪坝区虎溪镇，四川美术学院是大学城中惟一的一所高等艺术院校，是代表西南地区最高艺术教学水平的院校。

这里曾是一片远离尘嚣的土地——虎溪镇，但随着城市中心地段土地愈发紧张，向郊外地区扩张土地就在所难免。于是，虎溪镇的农田渐渐少了，而现代雄伟的高楼却多了。四川美术学院也建在了这里，但值得庆幸的是他们没有完全抛弃这里的原始面貌，而是在学校里保留了许多当地的元素，其中就包括那座特别的老院子。

真实的面貌，真实的存在着，但她其实又是孤独的，因为她的兄弟姐妹都已离她而去，只有她依然留在这里，陪着一群艺术青年扮演着不同以往的角色。而她可能对艺术的概念都是模糊的。

一天，她在瞬间爆发，她渴望侵略，渴望扩张，于是……

那么，就让我们来帮她实现愿望。老院子作为一个核，以细胞扩张的形式在校园里繁衍生息，她的扩张和侵略是充满力量和生命力的，用自由和变幻无常的形式。我们希望强调自发性和偶然性，在校园内形成一个场，使人感觉有一种强烈的生命存在，那么她的目的也就达到了，我们都处在一个充斥着老院子气息的土地上，无数斑驳的瓦片在飞舞，自由的、张扬的、却是美丽的……

总体分析
Total Analysis

——解读"老院子"事件

这里曾是远离尘嚣的土地
虎溪，农村
现在这片土地上充满了活力
虎溪，大学城

很久以前
有一个小村庄
当她的兄弟姐妹都离她而去
她却孤单的留了下来
伴随着一群艺术青年
扮演着不同以往的角色

一天
她在瞬间爆发
她渴望扩张，渴望侵略
于是
……

于是
……
那么我们帮她实现
用另一种文明的手段
把老院子解构
让她寄生于那个曾侵占她
的物体

一种生命正在延续
一种努力正在爆发
转译与生成
无数班驳的瓦片飞舞
我们相信
好的愿望都会实现
……

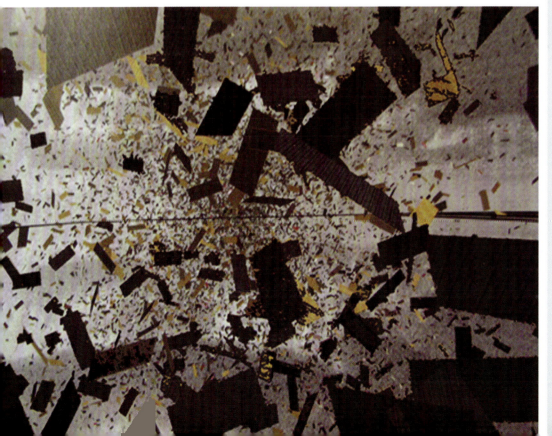

场地调研
The Place Investigation

——老院子及西南民居
信息采集与分析

在老院子里提取"瓦"的元素
但形式又是自由的
最终形成既定的新形式语言

关键词：
原生态、自发、偶然性

调研结果：
老院子作为仅剩的原生态院落，现在却仅仅作为一个符号而存在。瓦屋面、木构架、土墙、湿地以及农产品等都是以符号的方式存在。

自由的力量
在缝隙中生长
无序中的有序

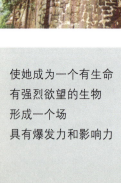

使她成为一个有生命
有强烈欲望的生物
形成一个场
具有爆发力和影响力

偌大的平台人迹罕至
缺少青春的活力
我们将为她注入新鲜的血液

关键词：
错动的秩序、几何形状、
空隙与台地

调研结果：
其空隙与台地具备表达传统
院落基因的可能性，同时，
传统基因与现代建筑又有某
种精神的对话关系。

场地调研
The Place Investigation
——设计学院及宿舍信息
采集与分析

寻找错落关系
空隙与台地
把各种元素抽象化
形成另一种语言

转译与生成
Translate & Inference
——新形式语言的生成

生长　变异
分裂　寄生
这体现出她的强大势力场

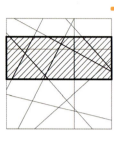

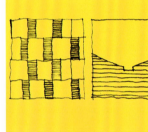

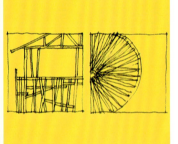
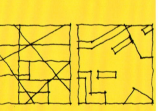

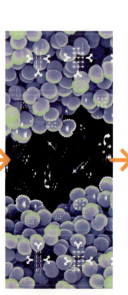

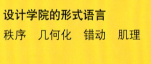

老院子的形式语言
偶发　自由　无序　随意

设计学院的形式语言
秩序　几何化　错动　肌理

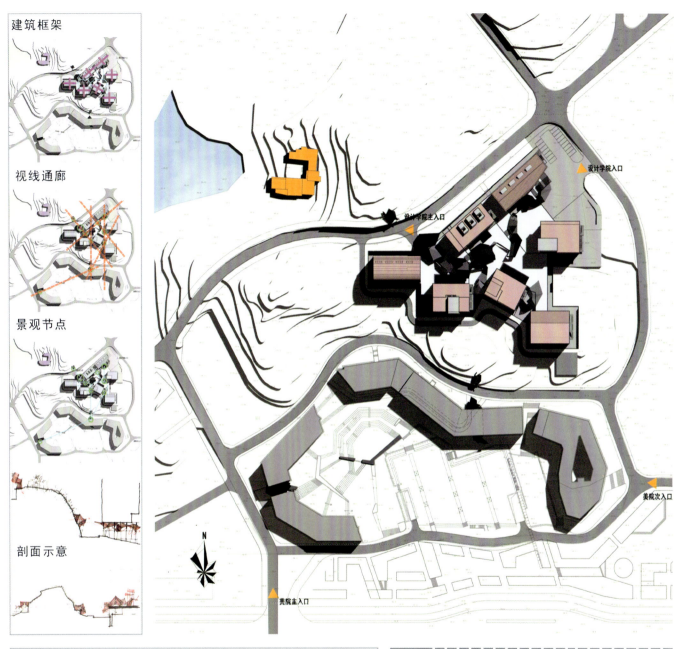
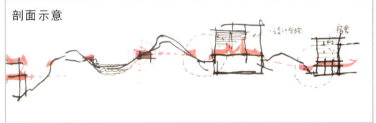

空间与秩序
Space & Order
——对四川美术学院设计学院建筑组团的深入分析

在轴线与轴线的交结处形成点
进行空间装置
蔓延到整个校区

生长 变异
分裂 寄生
这体现出她的强大势力场

空间节点
The Space Node
——空间节点表现图

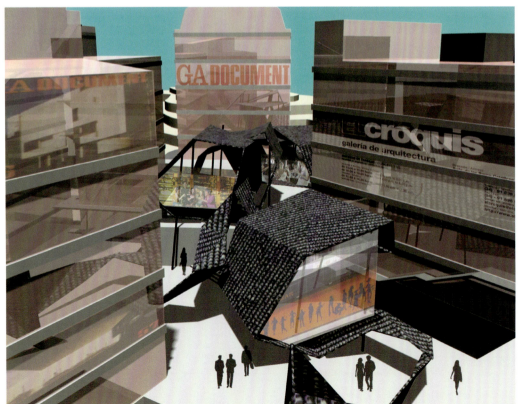

以具有偶发性 自由性的
切割 折叠
随机处理的转化

空间节点
The Space Node

空间节点表现图　　　　　　　　　　　　　　　　　　以老院子为一个核，以细胞分裂爆炸的形式"寄生"

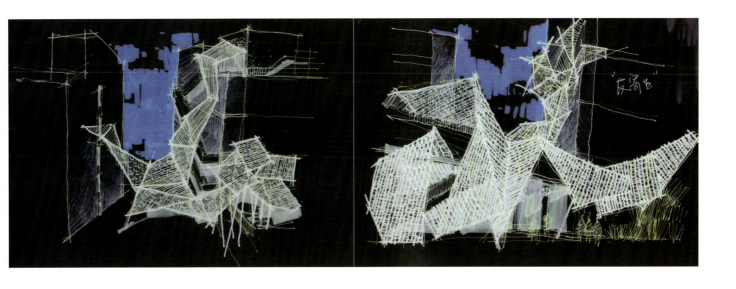

天津美术学院

主　持：高　颖／天津美术学院设计艺术学院环境艺术设计系教师
设计小组：韦　薇　蔡长江／四川美术学院 03 级建筑系
　　　　　王娅男　葛　真　苟小波／四川美术学院 04 级环艺系

源 —— 乡村印象

四川美术学院，受乡土文化和现代建筑的双重影响，空间骨架与建筑语言都形成了自己独特的一面。这次设计分为两个层次：首先是保护天然的山水形态与生态格局，保留原有传统民居；其次是设计空间视廊与自然环境保护面，突出其景观价值。将科学与人文相结合，从而使校园体现出逻辑与浪漫双重特质。校园建筑呈现出两种形态：一种是"院落"方式；另一种是"组群"方式。院落建筑在地形与人的尺度中间，增加了一个舒适的过渡空间。与大型现代建筑相比，院落式的族群布局具有更好的亲和力，能更好地呈现文化与地域特色。对自然地貌的尊重与发展，正是校园个性魅力的所在。

保护生态
构筑系统
发展人文

　　四川美术学院新校区位于沙坪坝区虎溪镇大学城。学院内散布许多池塘，植被及生态环境较好；植物种类繁多，生态系统平衡、和谐。需要解决的问题是：如何合理利用地形，将水体及景观转变为提高校园环境质量的重要条件；正确处理新校区与大学城的整体关系，合理规划校园与周围道路交通、居住区的关系，以及塑造具有四川美术学院艺术特色与未来精神的校园空间。

设计思想

1. 保护自然生态格局

　　对自然地貌的尊重与发展，是校园个性魅力的所在。设计分为两个层次：首先是保护天然的山水形态与生态格局，保留原有传统民居；其次是设计空间视廊与自然环境保护面，突出其景观价值。

2. 构筑功能合理的系统

　　系统化是形成校园空间秩序的重要方法，集成高效的组织原则是进行功能分区的前提，同时也是道路网络和空间设计的准则。力求使新校园与周边城市环境形成良性互动。

3. 突出文脉与人本理念

　　四川美术学院有着近七十年的悠久历史，空间骨架与建筑语言都形成了自己独特的一面。这次设计，将科学与人文相结合，从而使校园体现出逻辑与浪漫的双重特质。

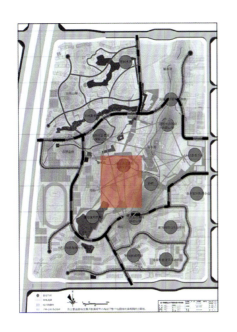

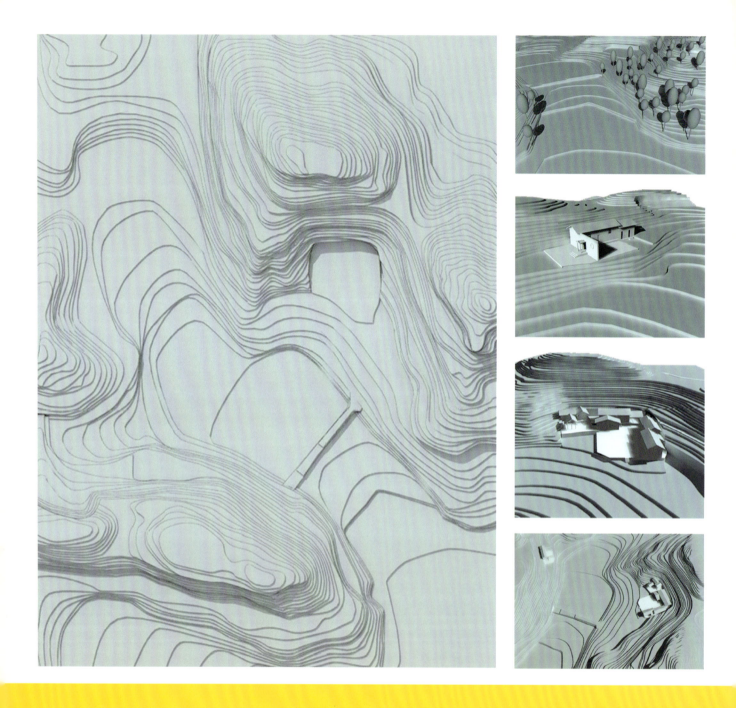

重庆地处四川盆地东部的平行岭谷地区,属亚热带气候,是多雨、温暖潮湿的地区。境内有长江、嘉陵江、乌江等水系川流不息,有巫山、大巴山等崇山峻岭蜿蜒起伏。顺应自然,根据不同的地理条件,创造出风格各异的建筑形态,形成典型的地域特色建筑。一方水土造就一方建筑模式,重庆的民居建筑,在式样、布局、建造手法等方面都带有明显的地域特点。简而言之,就是自然质朴,随形造式。

景观视线分析

剖面图

剖面图

- 景观节点
- 景观主轴
- 景观主轴

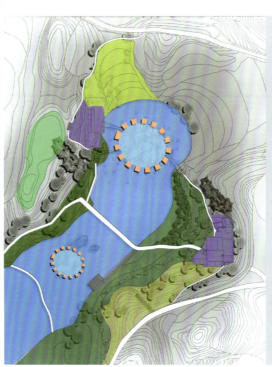

功能分析

1. 功能是"空间性质"的体现。
2. "空间大小"是"功能"对空间的量化。
3. "形状"是"功能"对空间的定性。

 主要景观节点

- 林业种植区
- 牧业放养区
- 竹林区
- 农作物区
- 水域区
- 草坪区
- 老院子

景观设计对策

1. 调整水体面积，形成较辽阔的水面，同时延长主景观轴线；
2. 景点的散点式布局形成丰富景观层次；
3. 尊重原貌，加以适当调整，不过多做人造景观；
4. 利用对景手法，充分考虑看与被看的关系。

剖面图

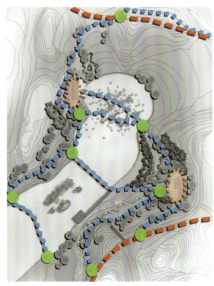

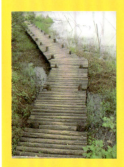 

道路分析

由荷叶形状组合形成的荷塘小径连通了两处农舍,并缩短了之间的距离,方便住民管理,也可以作为游人休憩的亲水平台。

▪▪▪▪ 规划道路　　● 道路节点　　 老院子

▬▬▬ 校园主干道

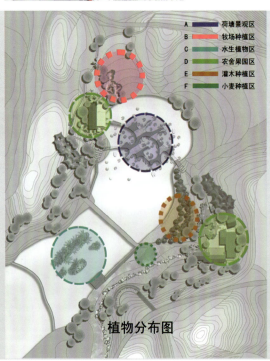

植物分布图

A 荷塘景观区
B 牧场种植区
C 水生植物区
D 农舍果园区
E 灌木种植区
F 小麦种植区

A区植物列表: 荷花、睡莲、荇菜、美人蕉
B区植物列表: 草坪、花菖蒲
C区植物列表: 山麦冬、芦苇、水蜡烛
D区植物列表: 枇杷、桃树、大叶观赏竽、竹子
E区植物列表: 栀子花、山茶花、福建茶
F区植物列表: 随意草、小麦

生态优先是当代环境建设必须遵守的首要原则。新校区得天独厚的自然地貌既为规划提供优质的景观资源,又对规划提出了严峻的挑战——把人工融合于自然之中,谋求两者最大的和谐。本次规划基本保留原始地貌,将保留的老建筑与新空间有机地结合起来,力求形成校园的一大空间特色。

剖面图　　　　　　剖面图

在尊重原有建筑的基础上，拓展原有建筑空间，形成一个功能完备的新式院落，结合周边环境，采用本地材料，完善建筑功能。

方案一

建筑风格、空间概念自然要对文化传统有所体现。本次设计中建筑空间力求延续老院落的文脉,并融入现代语汇。采用传统夯土墙,屋顶材料采用瓦或草,保持原有的传统院落空间形式,使其与本部校区形成传承的关系。

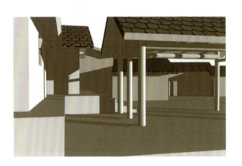

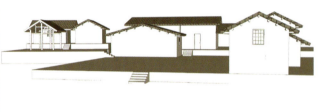

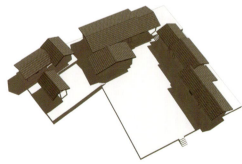

方案二

利用新校区得天独厚的优质景观资源，将人工融合于自然之中，谋求两者最大的和谐。合理利用木结构轻盈的形态。传统形式的突破，主要体现在木构架上。设计的目的在于彰显校园逻辑与浪漫的双重特质。创造有利于促进学术交流的空间，体现四川美术学院独有的艺术氛围。

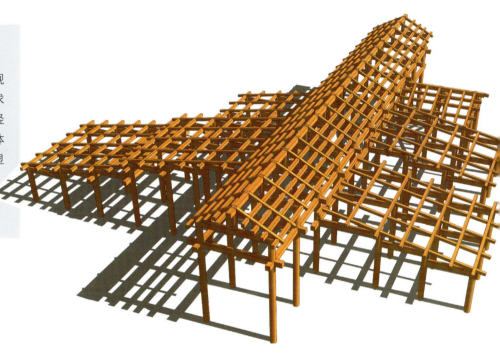

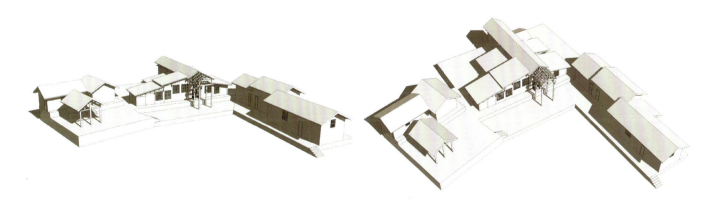

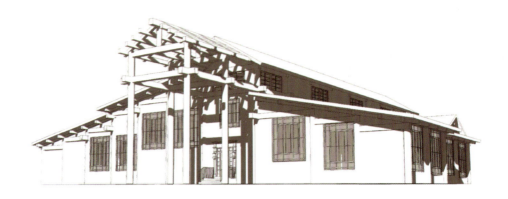

方案三

  合理利用土地资源，尊重原始地形、地貌。在风格上沿袭传统四川民居特色，将保留建筑与新空间有机结合，成为校园特色之一。

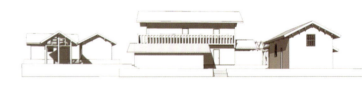

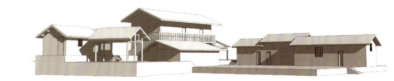

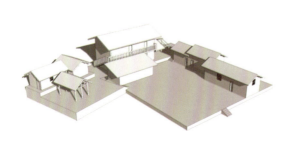  

广州美术学院

主　　持：李小霖／广州美术学院设计艺术学院建筑环艺系教师
设计小组：卢建丰　陈然　蒋博雅／四川美术学院03级建筑系
　　　　　唐昕　张潇尹／四川美术学院04级环艺系

痕迹

其实老房子只是一个引子，真正的方向是通过对老房子"去与留"的思考弄清楚设计的真正目的——改造和提升不同人群的生活质量，既包括农民，也包括老师、学生、你与我……通过建筑来表达对农民的一种尊重。

把鱼塘、老房子、湿地,用一个广场的概念串联起来,再用一些雕塑装置串联起整个学院……

以农业结合养殖为主题的户外休闲活动广场。

把老房子的屋顶拿掉,门窗拆掉,只保留土墙,然后用钢结构的玻璃罩盖住,并保留原木结构亭,使得那个地方成为一个公众休闲活动的地方。现有的农户搬到对面的红房子。

散落是元素，
因为记忆被突然而来的改变弄得散落。

接下来我们说说老房子还有存在的必要吗？

一、作为历史记忆中的老房子，保留下来的必要性有多大？
二、是不是原本的保留老房子，是好事情？站在我们建筑师的角度和农民的角度上来说有什么区别之处？这个小房子的改造和农村的整体改造有无直接联系？
三、老房子有生存的必要吗？历史记忆的东西要生存，要交换。我们认为：一个元素的重复就是建筑。机械主义为物质条件，然后把有规律的元素进行重组，其实是复杂的脑部运算。
四、颜色上面的定位也是很重要的，土红色和深黑色，净化了的元素，融合了院的基本建筑特色，希望可以找到这样融合的切入点，准确到位。

串联

工业的结果就是马路、汽车，结果马路脏的不了口水、痰等，所以文明在每个不一样的城市，需要的东西是不一样的，希望知道农舍的本身的想法，他们是想继续保留这个房子还是想有新的建筑出现？这样最直观的可以感觉到社会进步的不是原本的保留，它的发展是有一定的必然性的。

设计目的：

其实老房子只是一个引子，真正的方向是通过对老房子"去与留"的思考，弄清楚设计的真正目的——改造和提升不同人群的生活质量，既包括农民，也包括老师、学生、你与我……通过建筑来表达对农民的一种尊重。

动机：（1）通过改造提升生活质量
　　　（2）串联
　　　（3）为了文化的延续和协调
　　　（4）重生

人工自然

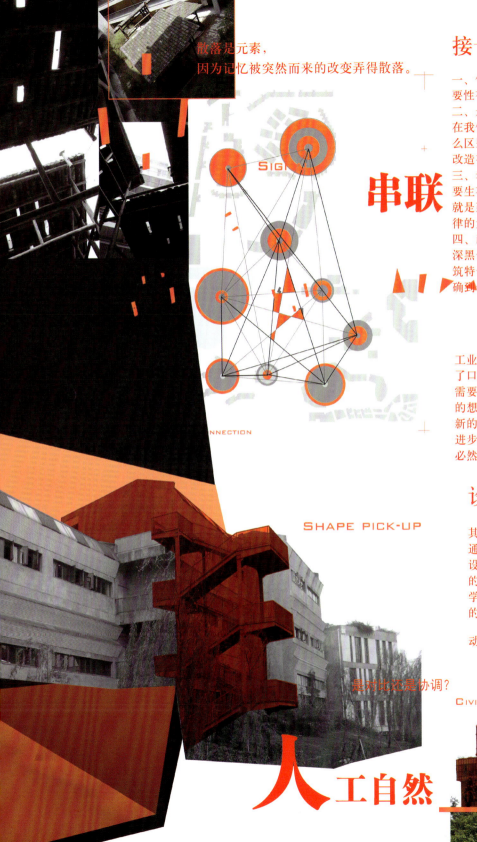

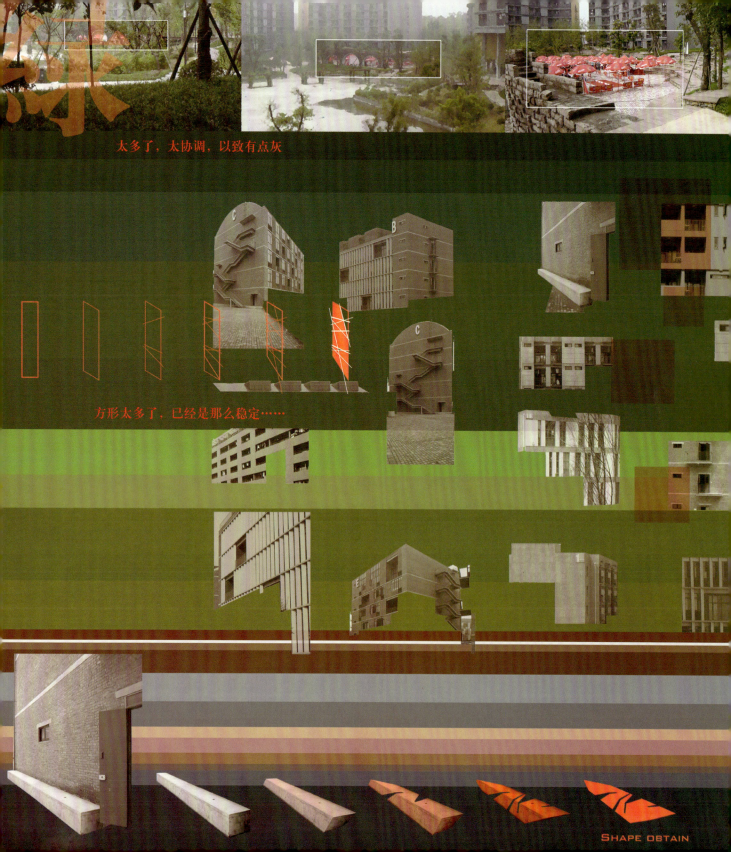

装置建筑？还是建筑装置？
没有现实功能的装置就算不上装置，
装置艺术也需要现实功能！

串联器

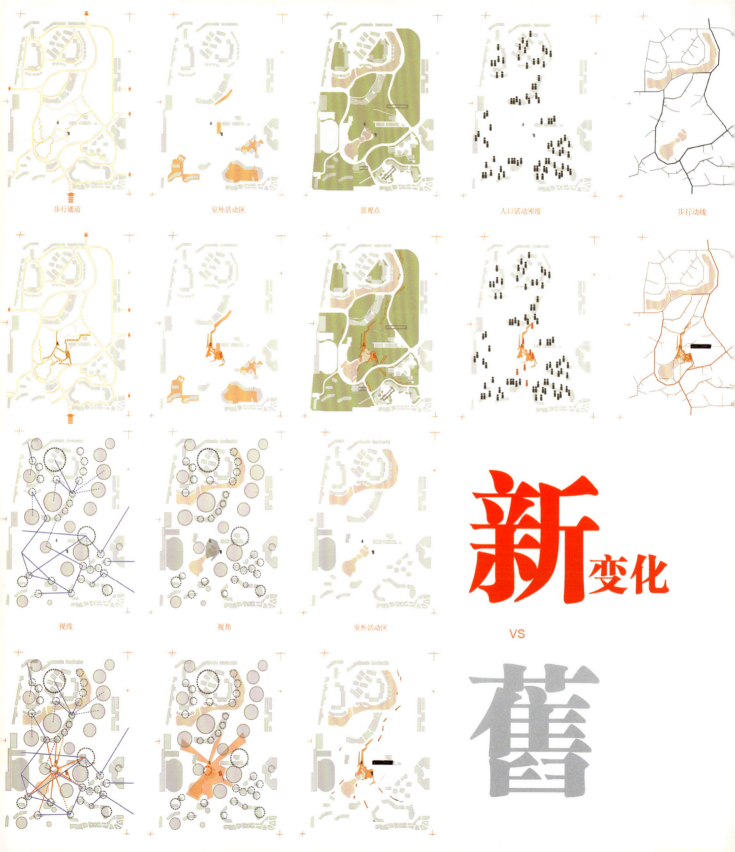

装置＋雕塑＋建筑

红，
就应该是鲜红。代表着热情、代表着激昂、代表着动力和革命性。通过那样的起伏、那样的嵌入、那样的分割、那样的倾斜、那样的尖锐和那样的红，去使得空间的革命性、突破性、实验性和协调性最大化。

现实价值：
农户的迁出、老房子土墙的保留、现代景观建筑体的介入，使得那块尴尬的且快被人们遗忘的地方获得重生。老房子土墙的保留形成一种历史痕迹，这种历史痕迹对老院子的到访者和使用者将唤起真正的历史记忆，特别是川美的学生。告诉他们曾经使用过这片土地的人们，珍惜眼前的一草一木。老房子的土墙被罩在现代化的建筑壳体下面，具有小型博物馆的意义。而倾斜的新农舍对于学院，那是地标。用鲜红的颜色、尖锐的体态提醒着人们，那是学院的中心地带。那些散落在校园小径旁和记忆广场的景观雕塑既具备亭的使用功能，同时也具备成为户外小型展览馆的条件。在那些雕塑的内壁上，我们会用激光蚀刻一些以前此地农民生活的图片，当人们使用或经过这里时，这些照片会唤起人们对往事的回忆。

中央美术学院

主　持：刘文豹／中央美术学院建筑学院教师
设计小组：吴雪霏　李佳妮　薛　琦／四川美术学院03级建筑系
　　　　　张伟成　彭东梅／四川美术学院04级环艺系

记忆空间网络

老院子如何与校园对话？我们通过对"设计任务书"、"新校园建设理念"、"校园环境"的分析，以及对老院子空间形态和周边环境的调查与研究，虚拟了设计任务书：探讨校园活动类型、原住民的起居与劳作方式。并按不同类型的功能，分别探讨了老院子的性格与空间形态、老院子内部空间混合与叠加的可能性，最后形成了清晰的设计主题——老院子＝农舍＋老街＋茶馆，也就是保持原住民的居住功能，并通过一条穿过老院子内部的街道整合了茶馆等内部空间。

01　现状及调研

我们强调设计的理性、探究性，并重视工作的方法。课题设计活动应该从收集资料、调研现场开始。为此，本小组将调研的工作细化，将调研内容划分为两个部分：自然环境、人文环境。

自然环境包括：地形、地貌、植被、气候。人文环境包括：建筑、人造景观、居民和学生等群体的生活。同时考察环境的历史和现状。

调研活动由两个小组完成。第一组调查自然环境，学生为李佳妮、薛琦、彭东梅。第二组调研人文环境，学生为吴雪斐、张伟成。随后制作基地模型并进行分析。

老院子总平面示意图

A 荷塘对岸的老院子

B 荷塘养鱼、养鹅、放羊

C 荷塘对岸的羊圈

D 老院子西侧的山丘

E 从老院子南侧的山顶俯瞰全景

F 从正在建设的图书馆向西南方向眺望

02 环境分析

地形分析　建筑及道路分析

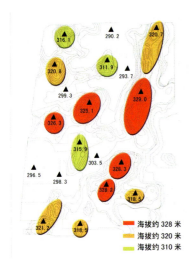

地形分析

建筑及道路分析

原村落格局分析景观植被分析

原村落格局分析

景观植被分析

03 概念的形成

一、分析设计任务书

课题是围绕川美新校区建设理念这一大命题下选定的。

概念词：记忆

校园建设中重视原生态环境，保留校园范围内的自然记忆和人文记忆，是校园规划建设的重要概念之一。因此，对记忆以及记忆形式的思考是本课题的一个视点。

老院子及其周边环境就是这种"记忆"概念的产物，老院子的存在不仅仅是单纯保留的结果，而是适当复原部分已消失的元素，以及复制与之相适应的生态环境。老院子（农宅）就是被这样复制的。这个"复制品"将成为重庆大学城的"原点"。

老院子复原理念是关注本土、关照自然环境、保持原生态和保留原住民。

艺术与生活：

复原后的老院子让自然环境和原生态的生活方式渗透到校园生活中,同时原住民也作为学校的"特殊居民"被"返聘"回来，延续他们原有的生活方式。老院子配合周边恢复后的场景，将成为充满情趣让人喜悦的地方，也是让人充满艺术遐想和创作灵感的地方。让人想起一句名言：艺术源于生活。

"院"中"院"

在川美新校区规划与建设背景下，思考"院"与"院"的关系成为课题设置的出发点。前一个"院"是指新校园，让我们思考艺术学院这个"院"应该是咋样的一个地方？而第二个"院"是保留下来的"老院子"，它固然可贵，但如何让其可持续发展？它如何与校园对话？是本课题研究所面临的挑战。

04 虚构设计任务

二、罗中立院长对新校园建设的理念

在《新校区"新"吗？》这篇报道中，罗中立院长谈到了教学空间和新校区公共空间的设计想法。罗院长说，设想把新校区的教学空间建成一个巨大的整合性空间……，至于新校区的公共空间，理念是关注本土、关照自然环境、保持原生态和保留原住民。

在校园中，庄稼、梯田做绿化，农民在其间放牛、喂鱼，依然正常生活。我们踏进新校区看到的是稻田和庄稼地里的南瓜、玉米而不是其他什么。新校区的食堂设想做成一条"老街"，在尺度上达到隔街就能递盘子的亲切效果。而校园内的广场能够演绎为一个跳蚤市场，让学生体会旧货市场的魅力……

罗中立院长看似玩笑性的这些设想，其实隐含着深层次的思想——艺术源于生活，设计关注民生。新校园公共空间的建设理念，关注学生的学习和生活，老师的工作、休息及创作，返聘原住民的想法……

三、校园环境分析的启示

通过对地形与原村落布局的分析，我们注意到学校用地范围内曾经有机地散布着一些村落（合作社）。村落的房屋位于靠近谷底的山坡上，谷底主要是稻田和鱼塘，山丘多为果林、竹林和荒草。

校区规划前的空间格局是农田包围着村舍，呈点状分布。曾经的老院子就是这样一处典型的空间，它位于山腰，控制着整个环境。它是场所的主人，它向所有靠近的人表明：自足、自由和自信……

复原后的老院子，在空间上失去了自足、自由和自信这些性格。它归宿于学校，是校园的一景，是我们生活的附属。原住民搬迁进老院子只是出于工作的目的，并没有真实的情感。"值班"的大姐其实是"饲养员"，她饲养家禽，她照看庄稼，她满足我们视网膜的怀旧情结。参观者过来仅仅为了猎奇，以异样的眼神打量这个错位的空间，并发出自己的赞叹。一切像是一幕编排细致的舞台剧。我们站在老院子当中，却发觉它像沙漏一般从指缝间滑落……可望而不可及！

如何让老院子空间重新恢复活力，如何再构"老院子"空间使之适宜校园的生活，如何使老院子及周边环境适宜改变后的原住民，如何恢复老院子空间原初的自信……

这些思索构成第五小组创作活动的引线，是我们设计概念的原点。

新校区内可能存在的活动有两类：一是校园内部师生的活动，二是原住民的起居与劳作。下面我们分别进行讨论：

一、校园活动

上课、教室自习、购物、休闲、交流学术、展览、图书阅览、上网、餐饮、健身、社团活动、宿舍休息、卫生、洗浴、工作室创作、户外活动（钓鱼、骑车）、勤工助学（试验田、校园雕塑、装置作品）等等。

归纳起来可以分为五个方面：
1. 学习、图书阅览、上网查阅
2. 餐饮、交友娱乐
3. 健身、卫生、洗浴
4. 原生态维护与勤工助学
5. 展览交流、社团活动

经过讨论，每位同学选择一个方面深入探讨：
1. 教与学…………吴雪斐
2. 餐饮娱乐…………李佳妮
3. 保健卫生…………薛琦
4. 社团活动…………张伟成
5. 原生态维护…………彭冬梅

05　老院子空间形态的调查与研究

深入一步探讨各种类型的功能：

1. 教与学…………吴雪斐
教室、工作室、图书阅览、上网检索、自习室、农业实践与创作
2. 餐饮娱乐………李佳妮
特色小吃、饮料、休息茶座、聚会、环境效应、垃圾循环回收
3. 保健卫生………薛琦
卫生间、娱乐性运动（钓鱼、骑车）、勤工俭学、原住民的利益
4. 社团活动………张伟成
展览（雕塑、绘画、平面设计、多媒体）、社团交流、路径照明与展览装置
5. 原生态维护……彭冬梅
值班室、工具间、工作领域、学生参与到原生态环境的维护、不断变化的"原住民"

二、原住民的起居与劳作

首先，我们应该认识到所谓的"原住民"其实是校方聘请的农民。在学校的管理下，他们从事农业劳作、展示农村生活。他们存在于校园内是"工作"原因，他们与校方属于雇佣关系。老院子的产权、土地的收成归属学校，学校按月给他们工资。在学校附近的村子中，他们有自己的家。由于工作原因，他们常常在老院子里做饭、聚会以及休息。
其次，原住民是自愿参与到校园环境建设当中。他们对生活环境熟悉而热情，在这些方面是我们的"老师"。如果农业活动，也属于勤工助学当中的一项内容，那么原住民与校园的关系，与学生的关系会更密切。

经过几天扎实的调研，现在开始进入设计的实质环节。我们需要掌握建筑的空间格局、尺度、结构、材料和家居等细节。因此，小组人员再次勘测现场，收集建筑的平、立、剖面信息。回到工作室后一边整理测绘资料，一边读解场地周边地形，确定模型比例及范围大小。

老院子的典型环境

模型的范围考虑了如下三个因素：
场地的典型特征、老院子与周边农宅的联系、地理朝西。

因此，我们从大的地形范围中节选出一个长条形范围，地形包括山丘、山坡、稻田、荷塘。

另外，模型中还包括老院子与隔着荷塘对望的另一小农舍、周边道路、小径、农作物及原生植物景观。

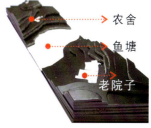

老院子基地模型（1:500）

功能分析：

我们尝试把不同功能的空间放置进老院子，探讨它的性格与空间形态。

老院子内功能空间混合与叠加的可能性：

像玩"魔方"一样，组合不同的色块。
我们也将不同颜色的功能空间进行组合，探讨老院子内功能空间混合与叠加的可能性。讨论各种功能活动与周边自然环境的关系，探讨老院子与周边建筑的联系，交流我们身处老院子中的体会与感受。

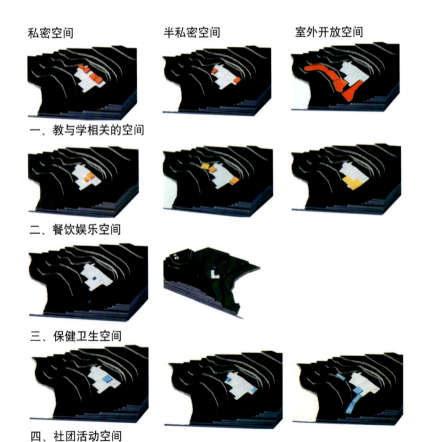

魔方玩具

农舍多功能探讨

老院子复合功能探讨

老院子基地模型（1：500）

06 明确设计任务

07 "再构老院子"方案推敲

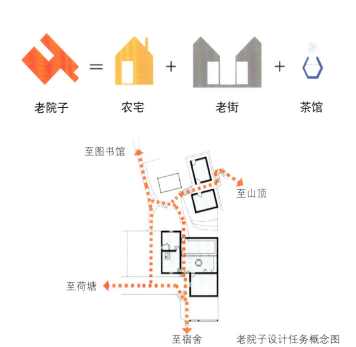

老院子设计任务概念图

首先,我们分析老院子的平面功能与格局。老屋子包括一个厅堂、两间卧室(兼储藏工具或杂物)、厨房、卫生间及猪圈(已不饲养)。老屋子的墙体是夯土墙,为横墙承重结构,屋顶的檩条直接放着墙体上。厅堂与北侧的卧室用竹编的泥隔墙分隔。南侧的卧室空间私密,室内昏暗,采光面积小,白天光线主要靠透明的屋顶亮瓦进入室内。室内地坪高度不同,可以分为住宿与后勤两个部分:厅堂和卧室略高,厨房、卫生间和猪圈略低。老屋的主入口与次入口贯通相连,通往后院。

在明确设计任务"老院子=农舍+老街+茶馆"的前提下,我们运用1:200的建筑模型来推敲方案。

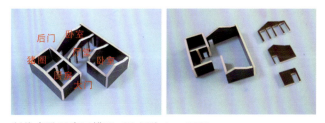

制作老院子房屋模型(比例为1:200)

08　成果一：老院子方案图

老院子空间改造的模型比较：

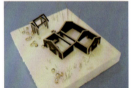

A. 扩大室内空间，将原厅堂、卧室与室外空间相贯通，成为联系图书馆与宿舍（或食堂）的走廊。推敲不同房间的空间开放性及其相互关联。

B. 探讨位于不同地坪高度的房屋，其功能上的关联及其空间关系。

C. 探讨农舍室内空间在视线与尺度上的关联。

D. 景观及家具设计：将展览空间与室外景观、道路照明等功能结合起来。

E. 在老院子附近增建具有复合功能的凉亭，综合信息交流、休息等用途。

F. 尝试用自然材料制作室外休闲座椅等家具。

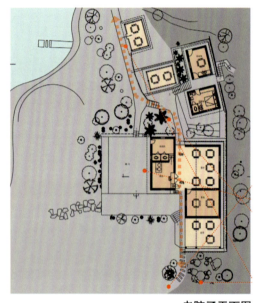

老院子平面图

老院子剖面

09　成果二：再构后的老院子模型（1：200）

10 成果三：校园"记忆"的空间网络（总体模型1∶2000）

记忆空间网络模型（1∶2000）

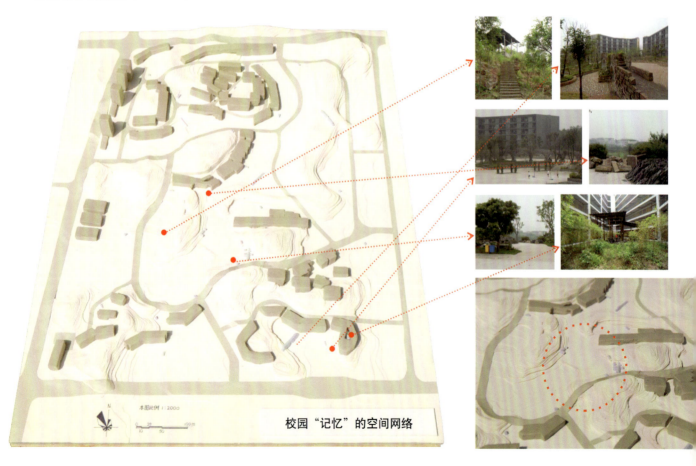

校园"记忆"的空间网络

西安美术学院

主　　持：袁予生／西安美术学院建筑环境艺术系教师
设计小组：宋良聘　杨　怡／四川美术学院03级建筑系
　　　　　邓　雪　李洪梅　余　玄／四川美术学院04级环艺系

形式的原创

活动开始我们以初探自己的个性展开，一步一步的探索性的往下走。逐渐理解一个原创建筑的产生的过程，从现实到二维，从二维到三维到体块，最后到空间，回归建筑本身。

形式的原创

现实——二维——三维——回归

 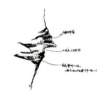 

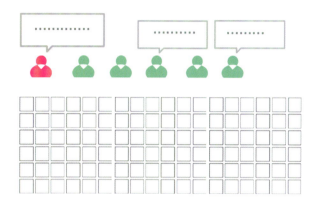

9月11日　星期二　雨
大家都拿出了自己平时最喜欢的东西，书，电影，MTV，杂志等等，我忽然有点自卑了，自己喜欢的东西跟他们的相比，似乎低俗了一点……不过，我还是会一直喜欢下去，老师说的挺对，你的任何喜好都不会是错误的。总有他的价值存在。这可能会是你一生的财富。
因为在看电影，老师说的话，我只记得一句，一个场景赋予一种心情，这句话对我的触动挺深的。电影如此，那么对于景观呢，也应该这样吧。

9月12日　星期三　雨
其实从昨天我就一直在纳闷，喜欢的石头！？我晕哦，我不喜欢石头怎么办呢？今天上午盯着石头看了半天，好像都还是云里雾里的。眼看着其他组都开始建模，分析地形，设计了，我们却在这里研究石头，感觉怎么回到大一的素描课了！？（急呀……）终于，老师也忍不住告诉我们了，他的意思是，让我们把这几天画的素描，延伸变形成这次活动的方案。听到这里，一直悬着的心终于放下了一点——原来不是完全没概念啊。于是大家也就非常认真地观察刻画了起来。

9月13日　星期四　雨
"在自己的抽象画里面框一块小的图来创作我们的建筑或者是景观。最重要的是把自己当时画抽象画时候的那种感情继续带到我们的创作中去"，是老师一直都很强调的理念。

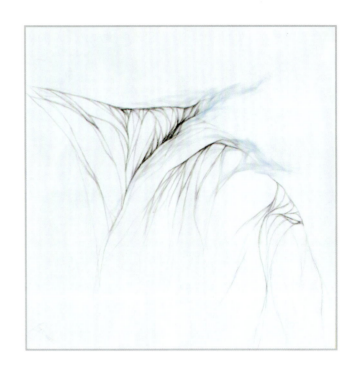

9月14日 星期五 艳阳高照

　　对一个石头的看法，我们每一个组员都有自己的认识，提取的概念也是独立的，对建筑的理解也是全新的，我个人认为，这次经历很不一般，也是其他组不能深刻体会的，自己也很珍惜。袁老师一直强调一定要做一个属于自己性格的建筑，也经常提到中国现在建筑千篇一律，完全丧失了各个城市，各个地区独有的个性。所以我坚信这次的设计一定是独树一帜的，独立的，具有自己个性的。今天，袁老师再次告诫我们一定要有自己的个性，并鼓励我们大胆地想，大胆地去尝试。他说，自己不喜欢中庸，自己很极端。所以希望我们也不要有中庸的想法。建筑就是需要个性和灵魂。

　　我爱袁老师。

9月15日　星期二　晴

　　把平面的素描转化成了有体量的泥塑，一个很关键的过程也是一个很难的过程。现在要把这些"艺术品"从"石器时代"转化到"电脑时代"了。可以说一路上都带着自己对那块自己喜欢的石头的感觉走到现在是很难的，一直保持着那份激动的"创作"感情。呵呵，其实有点茫然都不晓得最后会出啥成果，看到其他的组都按着常规的程序在做，都有点成果了，而我们这组却只有几张素描和一个泥塑，有点让人寒心。其实也看得出来我们这组的都很茫然。但也就只有这样啦，大家还是啥都没说，也没抱怨，都按着老师安排的进度在做，希望会有很意外的效果出来。大家努力呀！其实看得出来这种教学方式是很先进的，其实以前我们的专业课上也用过这样的教学方式的，最后又好似回到传统的教学上来，感觉大家都想向西方学习先进的教学方法，但好像在真正的落实上还是会存在很多技术上的问题，希望这次会有所不同。其实，也无所谓，反正这次建筑活动都是在"玩"建筑。多点尝试也是件好事。或许我们这组的不同会给大家提出些值得思考的问题。希望会有意外的成果出来。

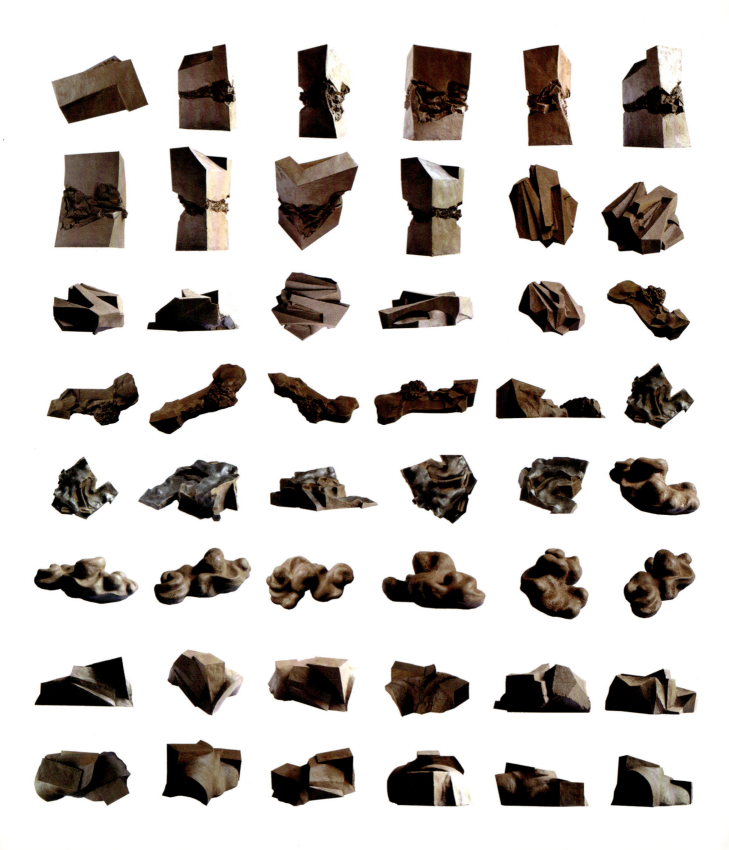

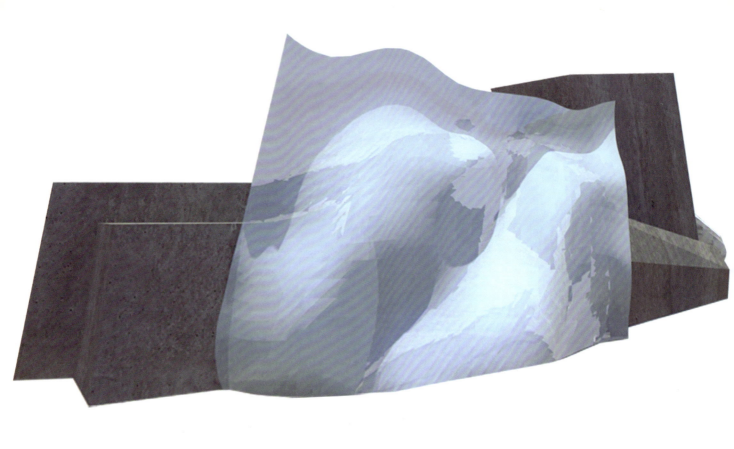

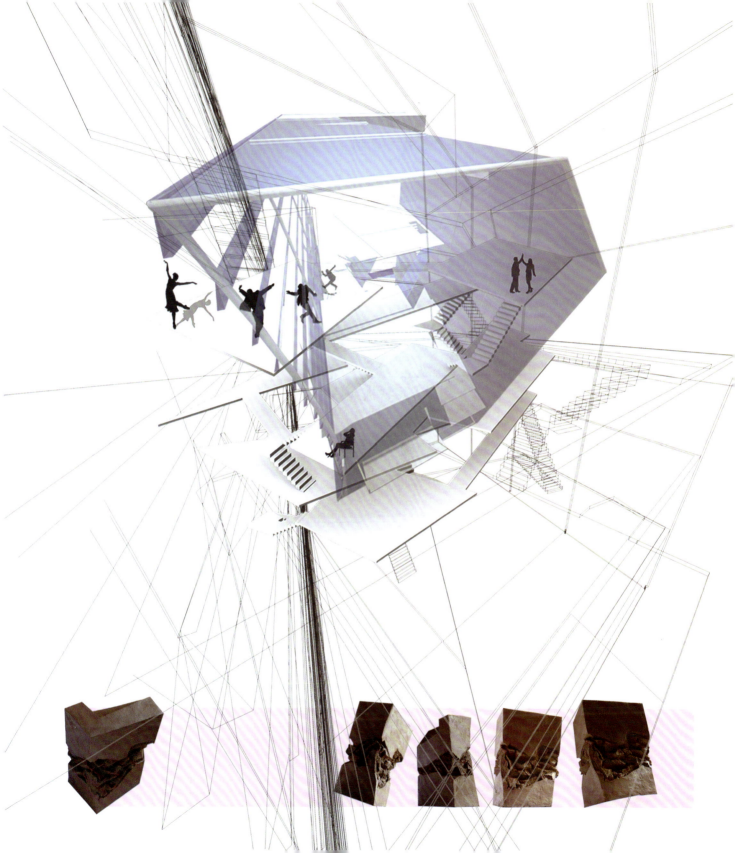

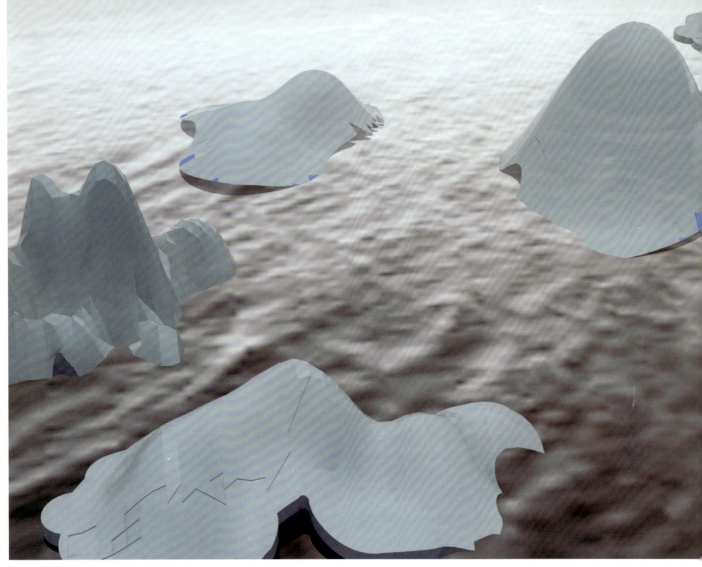

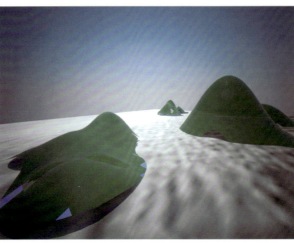

结束这天,我们很怀念这12天的经历……

结束这天,我们的认识有很大的提高……

结束这天,我们的成果是独树一帜的……

结束这天,我们舍不得袁老师离开……

鲁迅美术学院

主　　持：林春水／鲁迅美术学院环境艺术系教师
设计小组：陈兴欣　朱建绍／四川美术学院03级建筑系
　　　　　邓　薇　徐　欧　杨金涛／四川美术学院04级环艺系

伏隐 —— 再构"院"中"院"

我希望通过"伏隐"的构想，在"十面埋伏"的设计理念中完善和保留原有民居建筑的建构。原生态的"院"寄生于"院"中，像一个人体肿瘤，而我认为这些"肿瘤"恰恰是可以激活的点。他设想把"院"改造成"院"中的公共空间，既可承担公共功能，还可承担一部分原住民的居住功能，从而降低"院"与"院"的形态冲突。由这些被激活的"伏隐"来带动本区域的活力。这些大小不一、相对对称分布在"院"中的'肿瘤'，可以被置换成区域中一个个激活的点，具有本区域"伏隐"的功能。并能激发整个身体，而"院"和人体一样，有自身的生长和自我调节功能，"院"被激活后，将逐渐重新焕发活力。这些要害的"伏隐"并不仅仅是一种建筑形式，更是一种关联的组织方式。

再构"院"中"院"
学术创作设计概述

我个人认为,作为中国本土设计师在这个充满学术创作氛围的设计活动中应该更具创作的冲动,因为我们是中国人。这是我们熟悉的土地,我们的观察和思考也可能更细致入微,因此我们也应该有所超越。

在我看来,川东民居建筑的改造存在着死结,都是以迁走原住民为代价,换取对传统民居形态的保护。大多只关注传统民居的物质形态,忽视其居住文化和生活方式的保护和延续,采取的手段不是拆旧建高,就是拆旧建旧,对于这两种做法,我本人持批判的态度。"拆旧建高与传统的川东民居建筑不但在物质形态上相去甚远,同时还彻底割裂了其居住文化和生活方式。拆旧建旧则是无视川东民居建筑今天真实的生活状态,制造充满怀旧情结的虚假形式建构,使旧建筑失去活力。"

我希望通过"伏隐"的构想,在"十面埋伏"的设计理念中完善和保留原有民居建筑的建构。原生态的"院"寄生于"院"中,像一个人体肿瘤,而我认为这些"肿瘤"恰恰是可以激活的点。他设想把"院"改造成"院"中的公共空间,既可承担公共功能,还可承担一部分原住民的居住功能,从而降低"院"与"院"的形态冲突。由这些被激活的"伏隐"来带动本区域的活力。这些大小不一、相对对称分布在"院"中的'肿瘤',可以被置换成区域中一个个激活点,具有本区域"伏隐"的功能。并激发整个身体,而"院"和人体一样,有自身的生长和自我调节功能,"院"被激活后,将逐渐重新焕发活力。这些要害的"伏隐"并不仅仅是一种建筑形式,更是一种关联的组织方式。"院"初步思路是尊重旧民居建筑的肌理,将公共建筑引入与旧民居建筑并行,形成尺度相当的、纵向的、复合的"院"。体现的是学校、建筑师、原住民和学生四者之间的关系。

"院"是一个有生命的有机体,它是活的,包括传统,我都认为它是流动的,而不是僵死的。今天的一切也就是未来的传统。从大的方面说,一个城市的结构、布局、建筑群甚至包括城镇里的绿化、山体、水系,都是随着历史的发展加加减减,总是不断地生长和更替。它就是历史。这个规律同样适用于一些我们非常欣赏的名城名镇甚至遗产地。

A. 改造目标与策略

a. 空间融合——对建筑空间实体及各类配套设施进行改造。改"院"中"院"的生活环境,将"院"中"院"的土地规划进行统一利用,完善"院"用地布局结构,营造整体协调的城市面貌。

b. 文化融合——妥善保护"院"的珍贵历史文化遗存和优良地方文化传统。打破封闭的文化心理,使"院"中居民融入具有重庆特色的现代都市文化。

c. 建筑景观融合——利用地形地貌,努力创造条件。在"院"中开辟公共景观、湿地景观等外部观景空间,增设观景平台,改善现有公共绿地、场地的使用状况,努力为学生创造开放的原生态景观"院"。

d. 改善公共空间环境——加强对"院"的建筑、路面、绿化、照明、庭院小品、构筑物及环卫设施的规划设计和改造美化。建设环境优美、富有川东地方文化特色的民居环境和文明、美观的景观形象,处理好功能空间、景观界面与周遭环境的关系,创建统一、协调的建筑景观环境。

待改造的原有民居建筑是半围合的U形川东传统民居建筑,有着质朴的建筑结构和文化肌理。新建筑以"十面埋伏"作为设计的起点,增设学生作品交流馆和活动中心作为学生文化中心。以"伏隐"的构想理念使学生作品交流馆嵌入山体之中,使之在不破坏原有地形地貌的基础上完善区域功能。原有民居建筑仅仅需要加建倾斜屋顶以增强其现代感。功能区域重新分布,保留传统的庭院的围合感,并且通过"加建"来强化这一特征。

形体简洁的加建部分被插入原有院子背部，面向院子的立面为开放性建筑构架、开放通道、开放庭院，使院子在视觉上形成围合；不仅如此，加建建筑倾斜的采光天庭分布于竹林中若隐若现，使外部景观具有极强的形式感。新建部分以一种谦逊的姿态巧妙融入原有的场所，并利用现代的材料和技术手段，丰富了原有庭院空间的感受，提升了空间的品质，减少旧建筑拆除产生的固体废物。

B. 技术融合目标与策略

技术改造可以通过改善围护结构的保温和隔热性，采用合理的遮阳设计，提高门窗的气密性或使用新型玻璃来减少室内夏季得热量和冬季失热量，从而有效减少使用期间的空调和采暖能耗。

考察建筑所在城市的气候

包括所在地的温湿度、太阳辐射、降雨、主导风向等气候数据，这样便可在改造中充分利用被动节能的策略。

考察基地周遭环境因素

调查基地地形特征、建构筑物分布、绿化、水体等对建筑环境微气候的影响，为改造提供设计依据。

C. 结语

我国面临的人口问题和资源短缺问题日益严峻。人类与环境和谐共存的可持续发展将是未来的主旋律。可持续发展城乡结合的核心包括高效合理地利用现有资源，降低人类活动对环境的负荷，以及在此基础上改善建成环境。

新城市中存在的数量和面积巨大的旧建筑是我们实践可持续发展策略的一个契机：通过环境质量提升和功能完善、以及技术改造等手段，来减少新建筑量，降低其运营能耗，从而减少资源和能源消耗，以及对环境的不利影响。

目前我国正处在快速发展时期，也许大量的新建活动使得对旧建筑的改造难以受到重视，但我们应该看到，50年后，今天的新建筑将变成旧建筑，当其品质和功能不堪使用时，我们将面临巨大数量的旧建筑改造。我们认为现阶段实行这一措施的时机已经成熟，而目前最为重要的是用成功的改造项目向公众展示这种措施的功效，从而将这项工作向深度和广度推进，为可持续发展和创建和谐社会做出贡献。

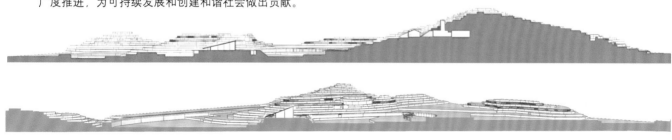

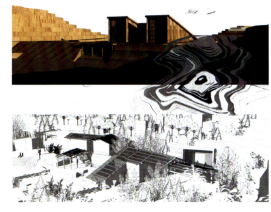

大学城在规划之初,就充分考虑到了川美在大学城所起到的社会作用,把川美设置在了整个大学城的中轴线上,而在大学城的东面,就是大学城的一块专属文化用地。因此我们在建设时,就是把它当作一件艺术品在精雕细凿。

学生活动中心剖面图

如何营造艺术学院的特色？首先，因势利导，以农村田园景观的保留和引入，突出巴渝地域文化特征。原有的稻田改造为写生池塘；原有的农舍，一些保留下来作为标本式的农民原生态作息空间，一些维护如旧，陈列新校区建设过程中收集到的农具、生活用具和器皿，使之成为具有地域特征的农村"博物馆"。另外在坡地上稍加修整出来的梯田，用稻草树起来的草垛，再利用民房拆卸后的檩条、青瓦修建的穿斗木结构的凉亭，就形成了具有浓郁巴渝特色的原生态农业景观。在这块土地上，承载了无数个体的情感记忆，同时也映射了大学城旧与新的变迁。

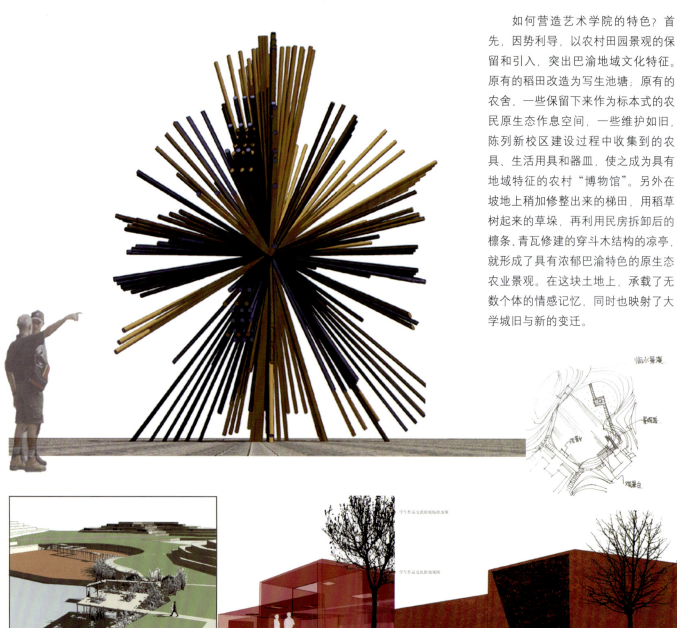

学生作品交流馆从传统川东民居的方形半围合的U形平面空间演变过来，屋顶沿袭民居玻璃瓦采光的形式，使传统的建筑语汇得到继承。引入"十面埋伏"的概念，把建筑埋入山体，不破坏周围现有的环境。老建筑经过重新的整合，使之单纯地具有交流和体验的功能。老建筑和新建筑通过相似而相异的设计手法处理，形成传统和现代的对话，也引发对当下"城中村"问题的思考。

建筑采用了现代材料和传统材料的结合。木条铺地、瓦盖顶和钢承重结构，围护结构大面积使用竹条和玻璃等等，这和老民居相似而又有着强烈的对比——传统对比现代、粗糙对比精细、封闭对比通透，在视觉和可使用性上产生很强烈的对比。

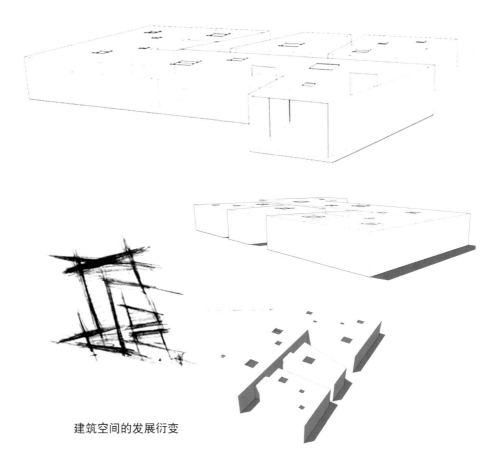

建筑空间的发展衍变

活动展板

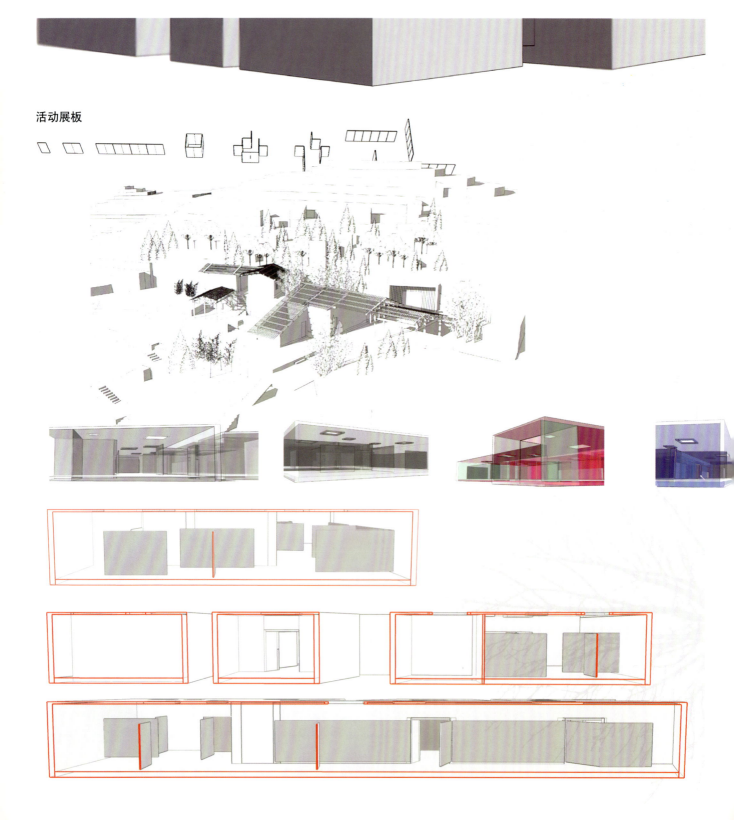

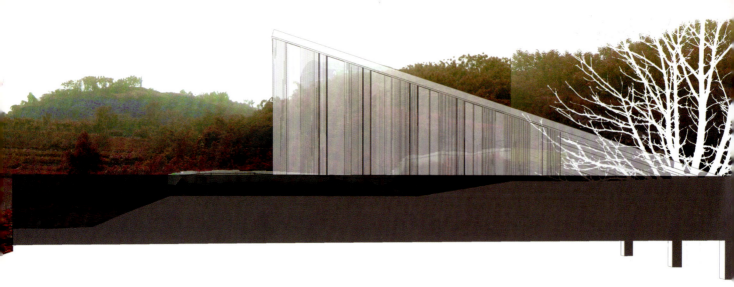

学生作品交流馆借用了川东民居方形平面、体块、屋顶玻璃瓦采光以及半围合的U形川东传统民居建筑等元素。建筑形体由方形到回字形、U字形，结合建筑伏隐山体，天井采光通风的需要由此演变而成。加盖的学生活动中心选址在老院子和学生食堂之间的一块空地上，其两边为山丘前后小水湖，原始自然环境优美。此建筑采用川东传统民居坡屋顶和方形平面，利用了现代材料和传统材料——木条铺地、瓦盖顶和钢承重结构，围护结构大面积使用竹条和玻璃。学生坐在食堂隔湖观望连在一起的坡屋顶和老院子，将产生强烈的对比效果。

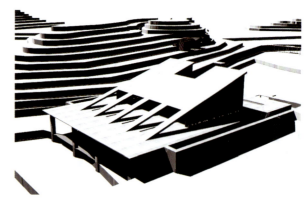

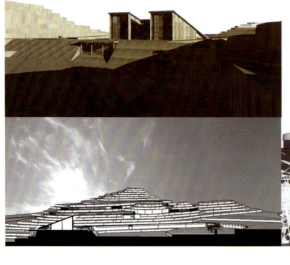

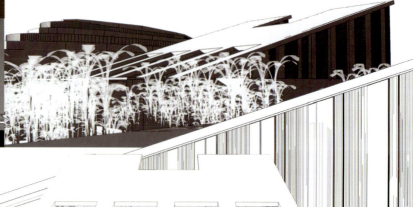

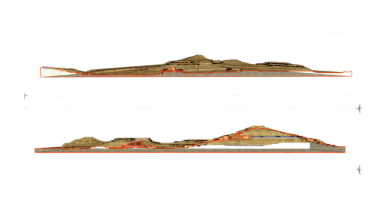

- **下沉亲水平台**

  这样的观景平台增强了亲近水岸线的观景功能，同时又使自然滨水景观与相邻建筑有机地连成一片。

- **沿湖休息平台**

  在沿湖走动的过程中肯定会有疲倦的时候。在分析人的步行疲惫度的基础上，在两个节点处设立休息平台，增加观赏点。

- **瓦楼景观小品**

  延续传统老建筑的基本形态，把规模、体量适度等倍缩小，使之成为场景中的一个景观小品。

- **竹制景观雕塑**

  在老院子和新建筑之间放置一个竹编雕塑，既是现在与历史的延续，又是自然和人工的融合。运用传统的竹器捆绑方法来制作，使雕塑小品的景观价值和人文价值得到双重发挥。

- **荷花池木桥**

  在现有沿湖岸散步已经不能满足人们休闲、娱乐的需要，所以又增加了一个荷花池漫步道。因为荷花本身的高度，所以决定了这是一条亲近自然的幽静小道。桥面的宽度采用了"紧－松－紧"的设计手法，在解决通行问题的同时又增加了几分人们参与景观的乐趣。

- **竹编水漏景观休息区**

  在盛产竹的南方经常能看到一些被荒废的竹竿。运用现代的设计手法加上传统编织手段，融汇变换出了一个别致的景观。乍看以为是一个景观雕塑，实际也可以当作坐椅来使用，达到了景观的可观性和可使用性的双重作用。

- **室内荷花池**

  为了使更多的人不到湖边也能亲近水、亲近荷花，于是在不改变老院子外形的情况下采用温室效应让荷花也能四季生长。这样，屋内外景观相联系的同时又调节了室内空气。

- **临湖全景观望台**

  "你在桥上看风景，看风景的人也在看桥上的你"，站在这样一个观景台上就是这样的效果。观望台设在建筑的入口，不仅作为场地中的景观也作为建筑的一个视觉导引而存在，它为建筑提供了一个良好的"肺"。

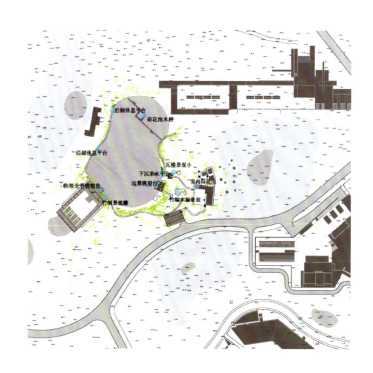

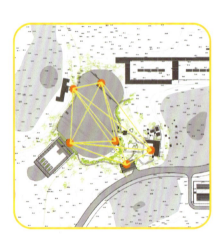

四川美术学院 之一

主　　持：胡江渝／四川美术学院建筑艺术系教师
设计小组：牛冠翔　程华露／四川美术学院04级环艺系
　　　　　谢一雄　何祖君　凌　瑜／四川美术学院03级建筑系

一颗印

　　一般对"历史记忆"的保存方式是将已经毁坏的传统建筑进行原样的复原，在某种意义上是对过去的"还魂"，然而失去即是失去，再重复前人走过的路，无非是一种浪费，倒不如就让它再存本归原，在其外部添加一些建筑形体，使其得到更好的保护，让更多人能了解它，这次我们的目的就是如此。

　　岁月对"历史记忆"的保存方式则是充满随机性的，就像被风沙掩埋的楼兰古城，被火山灰所侵蚀的庞贝，屹立在每一个世纪中的雅典卫城废墟……甚至是金黄琥珀中的一只小甲虫。那些一点点被时间所雕刻的岁月痕迹，比一切重建的传统建筑更有力量说明它们曾经的经历，那些历史的瞬间仿佛在一刹那间凝结了……

　　这样对"历史记忆"的保存方式是化石样的，颇有一些极端的意味，这样的存在既是过去也是现在，在这些残垣断壁中，我们更能感受到历史的沉重与纯粹。这些残旧的土墙，已经没有原有的屋面围合，寂默而倔强的直立，却显示出别样的力量。印章是标志，更是历史的痕迹。我们把这次创作看作是一个"考古"的过程，把原有的夯土墙围合看作是印模，以一颗印的方式记录过去。我们的创作是采用复原以前老院子的主要构筑物为基础，即以现有遗留的斑驳夯土墙为中心，向外扩展一些附属建筑将其围合，去掉原有屋顶，将原室内空间变为新院落，简而言之即院中院中院。

印文均刻成反体，有阴文、阳文之别

以印论，老院子及周围空间
也可互称阴阳

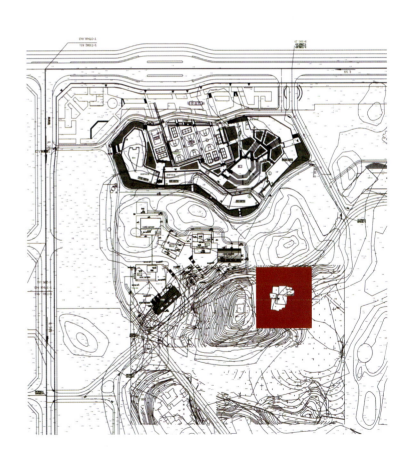

历史遗存　发掘曾经
缅怀历史的方式　不是『还魂』
那些一点点被时间所雕刻的岁月痕迹
比一切重建的传统建筑更有力量说明它们曾经的经历

以现有遗留的斑驳夯土墙为中心
向外扩展一些附属建筑将其围合

去掉原有屋顶
原来室内空间变成新院落
简而言之即院中院中院

总平面图

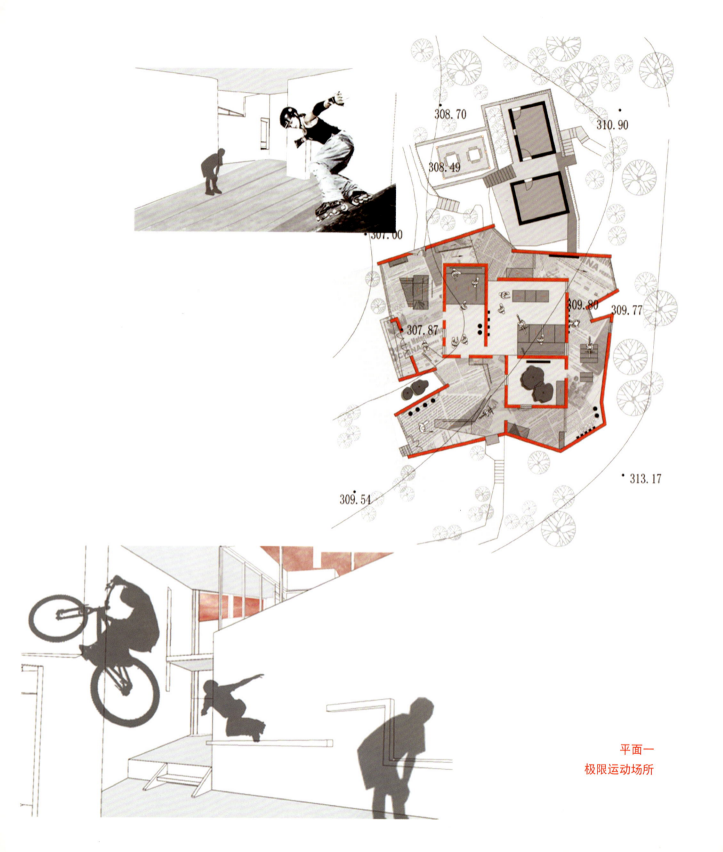

平面一
极限运动场所

平面二
艺术展示空间

看台

院落一

院落二

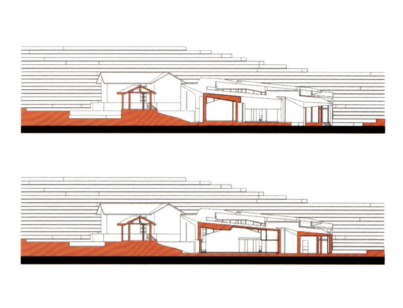
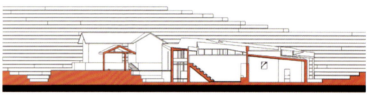

中国美术学院

主　　持：孙科峰／中国美术学院建筑艺术学院教师
设计小组：潘成增　孙　瑜／四川美术学院 03 级建筑系
　　　　　吕秋琼　李　响　熊远军／四川美术学院 04 级环艺系

"容"与"器"——混沌·相生

　　新之所成，旧之所出。在校园现代建筑和老房子的对比下，"如何让老房子与现代建筑融合、生长"的构思逐渐衍生。

　　因此，我们用代表现代建筑的钢桁架将农舍包容形成新旧组合 1 号；同时，仿建代表农舍的木骨架，运用现代材料组装成集合式小建筑，这是 2 号。小建筑（容）与钢架（器）为"新"的代表，农舍骨架（器）与原有农舍（容）为"旧"的代表。另外，钢桁架与周围现代校园建筑混为一体，木骨架与周围自然的环境相辅相成，新新呼应渐行明朗。而两个新旧组合，又围合成了一个完整的院落，构成了一个新的建筑组合。

　　传统建筑、现代建筑、传统元素、现代元素四体结合，互为容器，相互对比又相互照应，这种相互的联系赋予了他们新的建筑含义：相生。至此，容与器为形式，混沌为新旧交融的过程而相生，正是最终的结果。

"容" 与 "器"

——混沌·相生

川美校园中的老院子与新落成的校园建筑共处一院，未显唐突，他们的产生都附于共同母体——自然。

老院子以传统工艺营造，当地材料构建，满足当时生活；而校园建筑则是西方建筑学、现代营造技术的产物，满足现代需求。老院子处于现代校园的包围，虽然从躯体上保留下来，但是他已经失去了以往的根性。

即使请回农舍的旧主人，也成为摆设。老院子作为一个老器皿，已经再难找回陈酒为容。我们不妨把它作为内容，另寻器皿将其收纳，赋予新的根基，重新生长，以至生生不息。

除朴素的风格外，民间住宅中也有装饰精美者，艺术效果十分典雅。在大型民宅中，有的装饰奢侈、取材宏大和雕刻精致的梁架，花色繁复的栏杆装饰，砖雕像商代的青铜器那样"错采镂金，雕缋满眼"。

尽管如此，由于"法式""则例"所限，不允许民宅涂漆彩绘，所以装饰雕刻均以素色出现。远看十分沉着，近看不失细节，耐人细细品嚼，许多民宅的砖雕与木雕浑然一体，实墙与花檐交错辉映，虽瑰丽华荣，但不郁闷呆板。

川东民居解读

四川盆地夏季气候炎热，冬季少雪，风力不大，雨水较多。于是平房瓦顶、四合头、大出檐成为民间住宅的主要形式。阁楼也成为储藏、隔热之处。

由于多山，山区住宅不十分讲究朝向，因地制宜，且天井深度较浅，以节省用地面积。四合院屋顶相连，下雨可免受雨淋之苦，夏日则不使强烈的阳光过多射入室内。

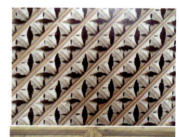

场地解读

校区区位：

四川美术学院新校区位于重庆市（虎溪）大学园区西部，邻近缙云山脚，用地61.25公顷（合922.5亩），南北向长966.08米，东西向宽619.36米～740.67米，呈连绵的浅丘地形，场地内分布有少许水塘。按照重庆市大学园区控制性详细规划，校区三面临城市道路，西面紧邻规划中的重庆市绕城高速公路及其防护林带。

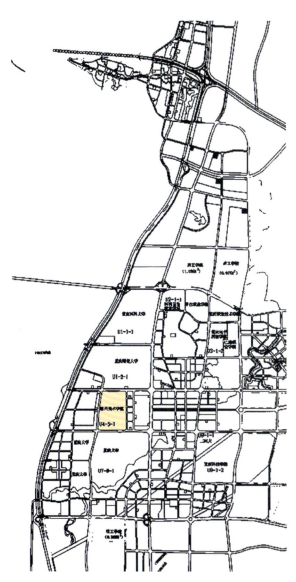

 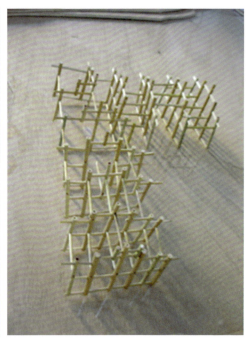 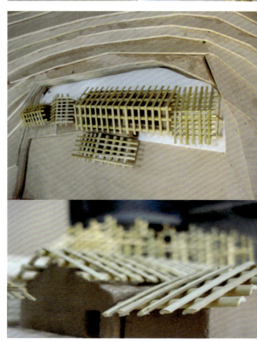

设计构思
"容"与"器"

我们搬来现代建筑的典型元素——钢桁架,将农舍包容,钢桁架与周围现代校园建筑混为一体;同时,我们将另一农舍的木骨架迁建至此,与原有农舍围合成完整院落;在迁来农舍骨架下,我们用现代营造手法,现代材料组装一集合式小建筑,小建筑为容,农舍骨架为器。小建筑(容)与钢架(器)为一整体,农舍骨架(器)与原有农舍(容)为一整体,传统建筑、现代建筑互为容器,相生相长,混为一体。

"新"与"旧"

老院子以传统工艺营造，当地材料构建，满足当时生活；而校园建筑则是西方建筑学、现代营造技术的产物，满足现代需求。老院子处于现代校园的包围，虽然从躯体上保留下来，但是他已经失去了以往的根性。即使请回农舍的旧主人，也成为摆设。老院子作为一个老器皿，已经再难找回陈酒为容。我们不妨把它作为内容，另寻器皿将其收纳，赋予新的根基，重新生长，以至生生不息。

"混沌"与"相生"

其间功能布置、立面形式及体量组织并不重要,他们的魅力源自于所构建出来的混沌、相生空间——访客可以在纯净的、设施完备的新建集合式小建筑内生活、聚会、休憩、聆听,亦可以在夯土墙根怀旧。黄土、块石、蝴蝶瓦、旧木、钢构、玻璃、混凝土,他们也可以和谐共处;夯土墙围合的现代庭院也显得颇有趣味;发黑的木柱点缀在集合建筑空间内,似乎找到了新生;蝴蝶瓦上空的钢构忠实的毗护着他所包容的老农舍,使他不被周围的现代生活挤兑。这一切相互生长,混沌发展,老农舍有了新的根基,开始了新的生长。

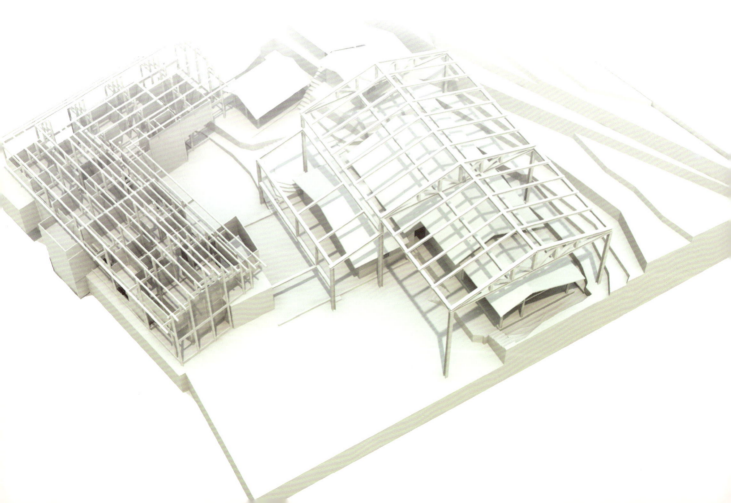

一层平面

一层平面

二层平面

二层平面

负一层平面

负一层平面

方案的多种可能性

方案中新建的现代住宅其功能可以是多种多样的，由于农民的生活生产方式发生了改变，如果要他们按照原来的轨迹生活是不现实的，因此我们设想将新建筑布置成酒吧、茶室，或者提供给几户人家居住。原来的建筑可以作为展览，以展示当地居民原来的生活。

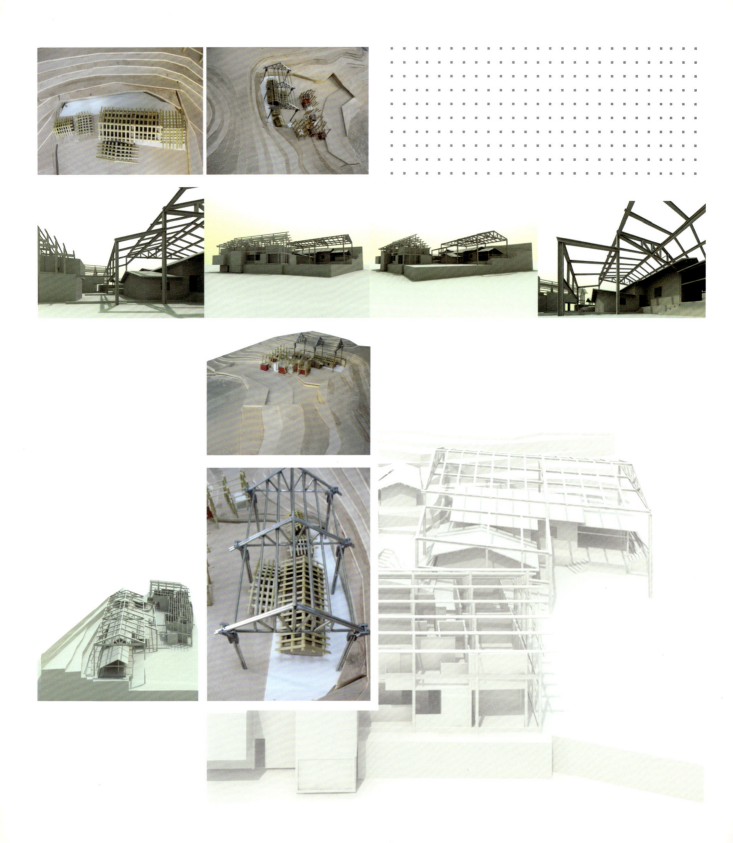

景观分析

景观设计部分主要是以现代的造景手法来强化现代居住环境的功能需求,同时也与传统的民居形成鲜明的对比。让现代的构架穿插在传统的建筑中,又让传统的元素烙在现代的环境中生长。更加充分的体现了混沌与共生的关系。

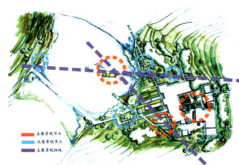

在景观的处理手法上，不但要保留传统的元素还要充分体现现代的风格。于是在临水景观的造景采用传统的夯土墙体作为景墙，木栈道与景墙相辉映，当人在景墙中穿行的时候便可以感受这种浓厚的传统情节，并勾起心中那份对老房子的丝丝眷恋。道路上空架起的钢构缠满了牵牛，他在与年迈的青石对话，他们是那样的和谐、那样的完美。

湖北美术学院

主　　持：黄学军／湖北美术学院环境艺术系教师
设计小组：冯胜男　王清相　石　宪／四川美术学院03级建筑系
　　　　　王　涛　章　红／四川美术学院04级环艺系

移动的院落

它是中国民居的重组，具有可拆卸性。
不受地形的限制因势修造，不拘成法，屋顶高低错落，平面和立面布局灵活多变，不对称。以现代工业技术手段重造传统民居的构件。
在材料上，用常规的材料和常规建造手段非常规地进行重构。
现代的手法诠释传统民居符号与元素，墙面以竹模板为材料形成现代的建筑语言。
在构造上，现代机械化手段，以一定模数，结合中国地方性传统民居符号，抽象处理，创造出新的蕴涵中国传统建筑韵味与文化内涵的建筑。
组成带有一定模数的建筑单位，可按中国的民居四合院、三合院等形式重组，形成院落。
在形式结构上，将建筑工地的视觉元素为切入点，重构了脚手架和建筑模板等构筑形式。
这种建筑在造价上经济，在形态上又轻巧自如。

场地分析

基地位于四川美术学院虎溪校区内，东面有图书馆在建，南面为设计系楼群，西面是运动场，北面是绘画系楼。

老院子现状：有地域特点的竹骨泥墙三合院式民居，单层双坡，木制屋架，小青瓦屋面，墙体有破损，居住设施简陋，周边生态环境良好，高大乔木不多。

改造方向：与老院子隔湖相望的山腰处，结合场地坡度，新建山地建筑，面湖，东南向，能快速拆卸重组。

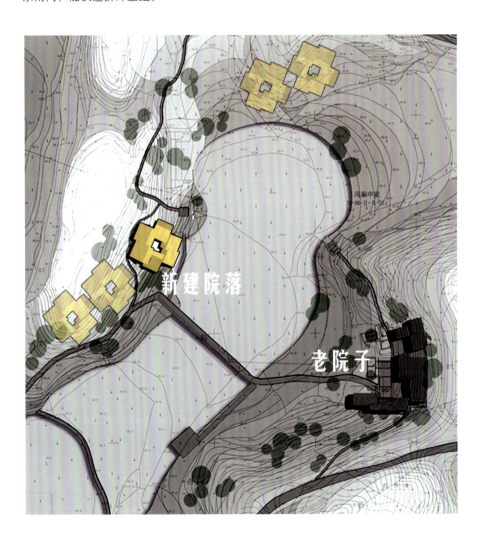

老院子现状

脚手架

概念一：

　　结构形式来源于施工使用的脚手架。这种结构规格构件齐全，运输方便，拆卸组装迅速快捷，结构牢固安全，且适合多种复杂地形，符合本结构体的要求。

构 造

为了结构体更加牢固可靠和利于组合,有必要改变一下柱体的形式,用一个木制组合构件将单管柱改成四管一体的方柱。这样,在加强结构的同时,也丰富了形式感。

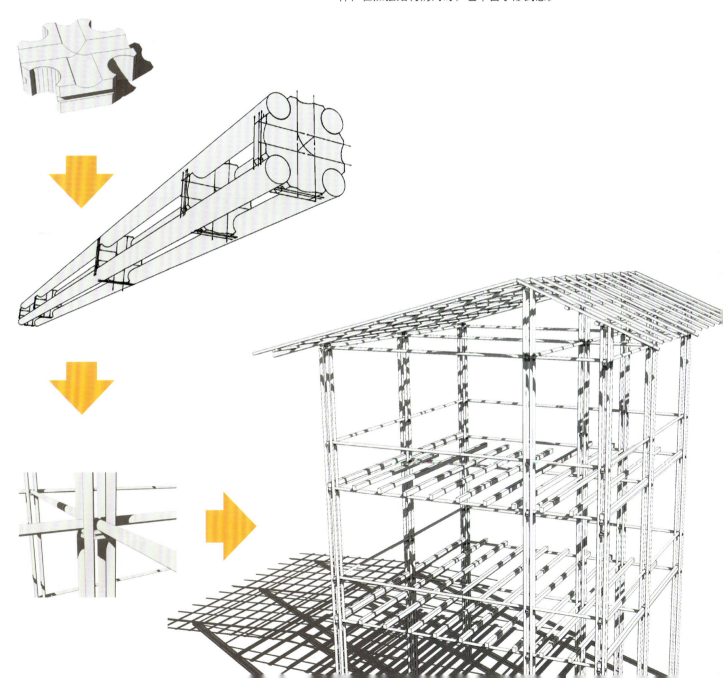

吊角楼

概念二：

　　重庆的吊脚楼是巴渝的文化遗产。"两头失路穿心店、三面临江吊脚楼。"背靠高山，面向江水，正是重庆吊脚楼的独到之处，是最美丽的地方。

　　简陋的吊脚楼是千百年来重庆人在贫困的经济条件下，充分利用自然条件修建的栖身之处。在坡度较大的临水地区，显示出处理场地的建造技巧。

组 合

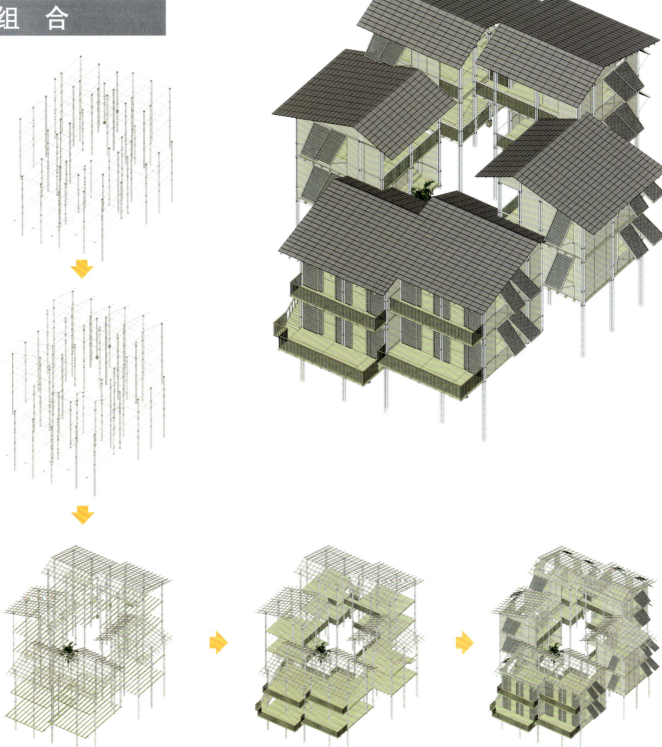

山地上的四合院

多种组合

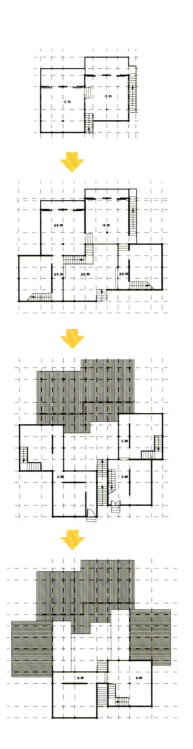

用组合、移动等设计手法和灵活多变的平面、立面布局打造具有传统文化的现代空间，使历史文化和风土人情在现代生活中得到有效延续与传承。

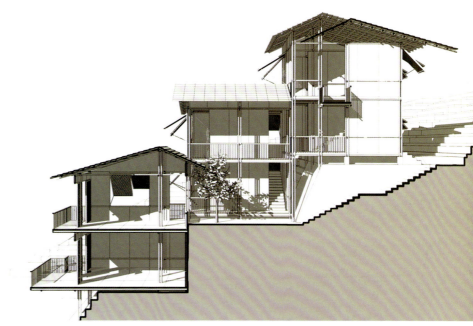

模型的制作

1:30 的模型基本可以较准确的体现设计的思想和细节,并能结合地形描述内外空间关系,在模型的制作过程中可以不断地修缮设计,当然要求有足够的细致与耐心,最后模型与图纸同时完成。

效果图

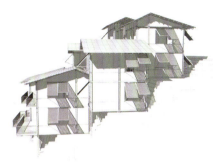

四川美术学院 之二

主　　持：韦爽真／四川美术学院设计艺术学院环境艺术系教师
设计小组：姜　薇　王燕婷　罗　夏／四川美术学院04级建筑系
　　　　　师佳佳　黄绍强／四川美术学院04级环艺系

从寻找到体验

这是一次对场地的体验——设计师情感的释放。

老院子是一个让人想起生命本真的场所，在大学城这片被推土机碾平的土地上被奇迹般的保存下来，静悄悄的。但是，被我们发现了。

我们迫不及待的追问很多问题：处于校园里的它怎样重新定位？我们怎样参与它、经过它、体验它？它怎样参与到我们的生活中，被我们记忆和纪念。

匆匆的十天，我们按照理解的方式给予了场地重新的定义，那便是通过一条高架桥，连通周围建筑空间的功能，使老院子参与到人群的活动、校园的文化中。

这里不再是隐蔽的场所，而是开放的中心；不再是只有农夫才与之亲近，而是成为各种人群聚会点；它是我们的展示台，也是我们独处的幽静地。

而这一切，得益于规划者前期在此处精心的留白。

寻找·发现·体验

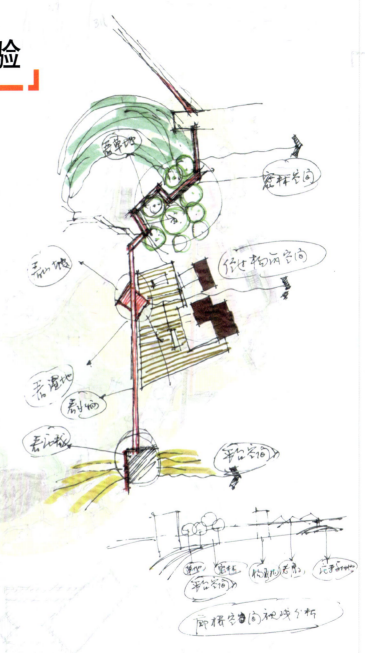

他使我躺卧在青草地上，
　领我到可安歇的水边。
　　　引自《圣经．诗篇23》

这是一个未被发现的场所，
我们小组进入时，
被惊喜、被感动、被创作的激情燃烧。
我们要做什么？为什么做？我们的意向是什么？
我们在寻找场地的意义，发现场地的价值，
并设法感知场地的未来。
在大学校园里，乡土的景观不应是封闭的，而应是被开发的；
我们要体验场地中的生命；
这里的一切关于场景空间的词汇被激活；
青春的激情在此时此地得以释放；
空间的交通，区域间的链接都将被重新定义。

[解读场地]

[解读建筑]

解读建筑让我们去体会乡土建筑的原味,
以及此地的活色生香。
虽然建筑的构造元素在不断翻新,
但如此贴近生活的建筑形态依旧未变！
山地不是单纯的山地，建筑也不是单纯的建筑,
院坝也不再是单纯的院坝,
它们同时发生着，相互依赖着，不可分割。
农舍室内的家具农具、陈设器皿都在说着一个语言：这里是我们的家。
看着这些,
我们只有去享受这美景,
静静的解读它、欣赏它。

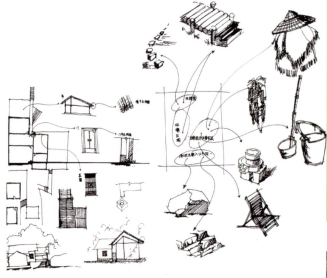

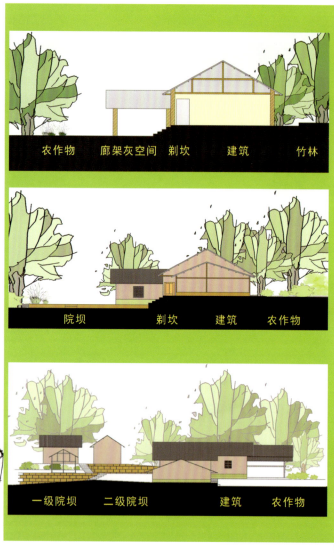

[寻找] · 发现 · 体验

[解读场地]

[解读植被]

寻找 · 发现 · 体验

虽然有很多让人惊奇的因素，
但最吸引人的是场地中的植被。
我们用"肆虐的生命力"来形容。
无论是农耕植物对城市人的吸引，
还是场地中的野生地被，
都勾起我们对生命的怜爱。
向日葵已经低着头，
而南瓜藤却漫无目的的生长着，
荷塘中莲花已经完全绽放，
随着风逍遥的摇摆着。
我们想用身边的藤蔓编个花环，
也想尝一尝花蕊中的汁水，
甚至想摘下荷叶顶在头上，
让时光倒流到童年。
越亲近这些生命，
越发现它们就是我们的朋友，
只是先前没有被发现而已。

改造前

改造后

[解读场地]

[解读景观]

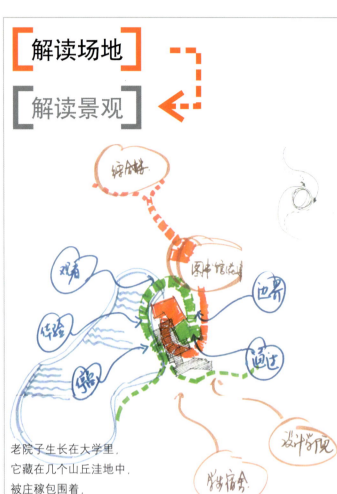

老院子生长在大学里，
它藏在几个山丘洼地中，
被庄稼包围着，
被竹林和芭蕉叶掩映着，
如果没有人指点将不被人发现。
小雨停了，
从场地出来的时候，
一群下课的学生正相互簇拥着走向食堂，
喧闹的声音提醒我们这里是大学城，是校园。
显然这种景象是规划者早就"埋伏"了的。
如果让这群学生
走进这个院子的内部会发生什么呢？
他们需要它吗？
农田景观能为校园环境做点什么呢？
它是让人参与的景观呢？
还是被人遗忘的景观呢？

寻找

发现

体验

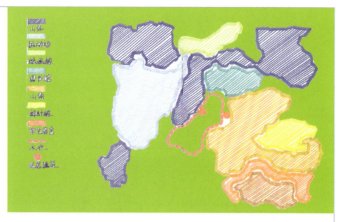

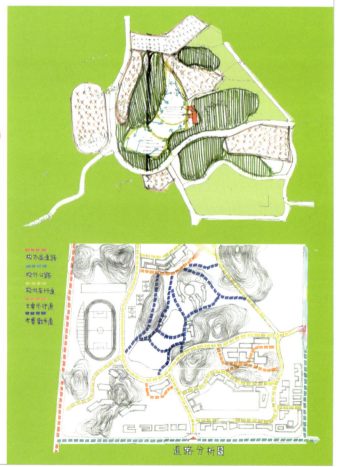

道路分析图

[形成概念]
[发现功能]

考虑场地功能的重新定位，
让场地与校园生活发生联系，
消除场地的封闭感，打通空间的联系，
让人参与到场地中，让场地活起来。
未来的图书馆就在洼地北端的坡地上，
那里将来会呈现出什么样的景象？
是在草地上阅读谈心，还是临水独自的思索？
年轻的学生们进入场地，他们最渴望做什么？
是经过，还是停留？
是在院坝中举办作品交流沙龙，还是诗歌会社？
通过对以上功能的思考，
我们仿佛看到了一副未来发生的景象……

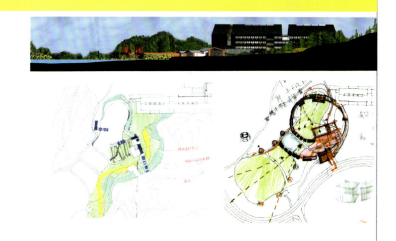

寻找 · 发现 · 体验

[形成概念]

[发现乡土]

工字钢＋木板＋玻璃＋不锈钢

工字钢＋木板＋不锈钢＋石磨

扁钢＋土墙＋玻璃＋芦苇

工字钢＋青瓦＋不锈钢＋玻璃

竹篱＋木板＋不锈钢

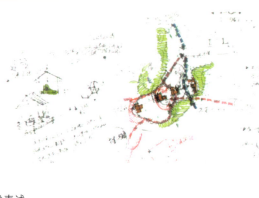

乡土气息是此地的原生态，
我们无意打破。
反之，我们想尊重它、强调它。
乡土是一个情结，
在不经意中给我们惊喜和感动。
或许它是一个草垛，
或许它是一件农具，
或许是一堵老墙。
我们把目光集中在建构筑物设施上，
因为它会将乡土的语言用最轻松的方式表述，
现代的材质与乡土元素的结合把乡土情结烘托到极致。
停留的时候，触摸的当时，
我们的情感就被悄然感染，体会着，感叹着。

寻找·[发现]·体验

[形成概念]

[发现大地]

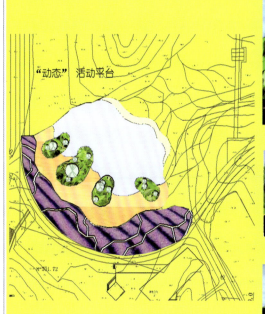

"动态"活动平台

大地景观——最贴切的发生在此地。
目的是调动一切因素来写意场景。
大地作为故事发生的背景，
也是视觉的背景，
也是建筑和场所的基调。
我们在大地上奔跑、嬉戏，
也在大地上思考、谈心。
目光所及之处是地被和乔灌木，
斑驳的色彩随着地形的起伏交错着，
犹如交响乐述说着造物者的美意。
大学的校园成为思想的田园，
想像的乐园，亲近自然的家园。

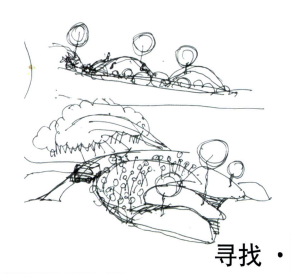

寻找 · [发现] · 体验

[表述成果]

[体验场景]

湿地景观

动态滨水休闲区

新概念院坝

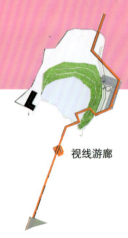
视线游廊

场景是发生故事的地方。
我们为大学中的院落营造成故事的发生地。
在这里，我们尽情的体验着我们渴望发生的事件。
在湿地田间的驻留，
我们可以观察自然，亲近大地；
在开放的水边，我们呼吸着富含氧离子的空气，
在绿岛上躺卧，舒展着仰望叶缝中的蓝天；
在图书馆的草坡上，我们沉浸在书香的喜悦中，
和心中的大师神交，
更可以在院坝上举行Party，畅谈在夜未央……

寻找 · 发现 · [体验]

[**表述成果**]

[体验文化]

有人的地方就会产生文化,
文化就在交流中繁荣。
场地的核心——老院子,
就是场地文化的发生地。
无论是从桥上走过,
还是在竹丛和密林中穿越,
以及进到老院子并在坝中停留,
我们都会感到乡土语言和现代词汇的交融,
并感悟空间的丰富和错落带给我们多样的体验。
或许,
对于身处大学中的我们,
早就被感染、被同化、被吸引了……

寻找 · 发现 · [体验]

[表述成果]
[体验空间]

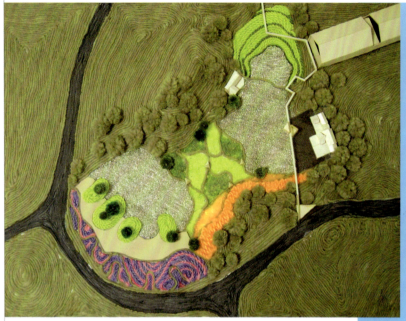

当场地空间在脑海中成型的时候，
我们有一股冲动，
那便是，
要触摸到它的每一寸土地。
这个表达概念的模型就这样产生了。
它将这里的山水，人文，未来，
都用宣泄着情感的毛线绕了出来，
我们就这样表达着我们触摸山川的情怀。
在我们的五指中流出的是对此地的无比敬意，
还有，
对未来的无比憧憬。

寻找 · 发现 · [体验]

评论：为中国设计、为农民设计

伴随着重庆炽热的金秋，在这个充满着鲜活的带有浓厚的乡村气息的川美新校区，来自全国十大美院的老师和我们的学生共同参与的"10×5"创作科研活动现已画上完美的句号。

作为东道主首先感谢所有对这次"10×5"创作科研活动给予支持、帮助的同行，特别有感于参与这次活动的十所院校的青年教师们，他们热情、执着，他们对待设计创作的敬业精神和工作态度，无不给参与的同学留下了一份值得永久保存的记忆和经历。

"10×5"活动的大幕降下了，所有相关的设计创作过程、成果都将通过展览、书籍呈现给广大师生和同行，但它的意义绝不仅限于此。其实我们在筹办这次活动时还有更深的含意，即通过本次创作命题再构"院"中"院"，深化到更为广泛而现实的社会层面，将其放在当前"建设社会主义新农村"这一特定的历史背景下思考问题。

我们借"10×5"创造科研活动这个契机在四川美术学院乃至全国的相关院校引起对"建设社会主义新农村"这一社会实践性课题的关注。关注中国农村自然生态、农民的居住环境和生存状况，让建筑师、设计师和我们的在校学生回归农村。

随着历史机遇再次选择重庆全国统筹城乡综合配套改革试验区"花落"巴渝大地，重庆成为中国统筹城乡综合配套改革的最大一块"试验田"，历史的机遇与挑战，历史的责任与使命，义不容辞地落到了我们的肩上。作为一个重庆人、一个川美人，理应在这千载难逢的历史机遇里，挑战自我，挑战重庆这块严峻至极的"试验田"，从本地实际出发，大胆探索，大胆实践，走别人没走过的路，干别人没干过的事，真正为社会、为本土、为农民作一些力所能及的有意义的设计。

我们认为城乡一体化不是城乡"一样化"，建设社会主义新农村也不仅仅是建设新村庄。建设社会主义新农村更准确地说应是建设新乡村。从中国的国情看，农村是城市的母亲，所以农村是不可能很快消失的，中国应当保存相当大的多元化的居住形式。"新农村"和"城乡统筹"的含义不是把所有的农村变为城市，把所有农民变为市民，而应根据城乡不同的功能，按照现代化的要求，逐步实现城市郊区化，农村城市化，并使城乡居民享受同等的待遇，同样的现代文明。

"新农村"建设不能搞形式主义，盲目攀比，新农村建设没有统一的模式。各地的自然条件、历史人文、民风民情都不一样，一个地方有一个地方的实际，一个村庄有一个村庄的特点，这就决定了一定要从当地的实际出发，制定好科学的规划。

当前，我们从专业的角度探讨和介入这个课题有以下几方面的目的和意义：

1. 改变目前农村全面追求形式上的城市化现象，保护乡村聚落的完整性和本土文化特色。正确引导当前农村的建设与可持续发展。

2. 有助于协调农村本土资源开发与保护之间的关系。营造美好的农村人居环境、生产环境和生态环境，并有助于农村聚居环境的改善与建设，推动人居环境学的发展。

3. 充分利用聚居环境及景观资源，调整产业结构，发展多元经济形式，对长期困扰中国发展的"三农"问题提供了新的思路和途径。

总而言之，我们应该走出课堂投身到社会实践中去，参与到建设社会主义新农村的课题中去。刚刚结束的"10×5"创作科研活动仅仅是设计教学方法和形式的一种探索，它必将滋生出更多、更新、更鲜活的实践教学模式。那么如何使这种教学探索更具有时效性和针对性？如何解决我们高等美术教育的象牙塔式的理想模式？如何从真正意义上体现大学教师和学生的社会责任和公众参与意识？这些都是留给我们以后进一步要去反思和探索的问题。围绕"新农村"和"城乡统筹"这一系列极具挑战性的问题，我们应该引起足够的关注或重视，主动承担一份应尽的社会责任，并以此为一次探索综合性实验教学模式和社会创作设计实践的新课题为中国设计、为农民设计。

四川美术学院设计艺术学院环境艺术设计系主任
龙国跃
2007 年 10 月

创作日志

9月12日
看场地

西安美术学院小组：

为了明天更好的完成"石头作业"（——根据对你所捡石头的感受画一副画，形式不限）我们几个冒雨来到学校垃圾场旁，手电光很微弱，一堆人就蹲在地上用手刨，场面有点搞笑，旁人一定会觉得我们是群疯子……不过收获不小，都选到了喜欢的石头，PS：垃圾场，真的很臭啊还有，为什么我们要在垃圾场边上捡石头啊？！

中国美术学院小组：

9点和李响去复印地形，真是太无语了，好卡好卡好卡卡卡卡卡……由于它三番四次弄到电脑当机，所以店员都在它快开好的时候把它关了，开，关，关，开，开，然后再关，关，然后又开。

9月13日
怎么办

现在回忆起从9点到11点这段过程，除了开关机，就没有其他了。

我们首先对新老建筑作了进一步的探讨。既然我们已经提出了"寄生与被寄生"的概念，那么怎样让这个概念更有说服力成了我们今天讨论的话题。它或许是一种材料形式；或许是一种空间关系；或许是一种建筑形态；也或许是其他的存在方式等等。这些可能性都存在于我们的脑海之中，很多，但又很让人迷茫。

讨论陷入了凭空想象和思维局限的泥潭。老师提议去我们选题的场地考察一下，以便拓宽思路，获取新的灵感。——清华美术学院小组

很期待今天，不知道是什么老师带我们……期待……

鲁迅美术学院小组：可是偏偏今天早上的闹钟没有响，等到突然觉醒的时候已经七点一刻了。天呐！第一天就要迟到吗？顿时像热锅上的蚂蚁一样，脑子里一片空白。匆匆的刷了牙，什么也顾不上，背了包，甩门就走。以至于一上午整个状态都是游离的。

早上从食堂前经过，看见一群人，这种感觉是很灵敏的，想着肯定是那些老师了，心理很好奇，却佯装没有看见。还不时的用余光留意那边在做些什么事情，心理暗自为自己的行为感到好笑。

9月11日 开幕啦

天津美术学院小组：我们了解到现住老屋的人并不是原住民，只是学校请来看屋的人。但是他们对现有的生活还是很喜欢。

老师勾出几个句子叫我们注意："社会性、时间性、空间性及使用性于一体。"

9月14日 灵感

清华美术学院小组成员

9月15日 趣味

四川美术学院小组：

持续晴好的天气，工作室里却是浓云密布。大家在激烈的讨论着，很是激烈，其实大家的思维都是统一的，只是对方案的现有状态产生了疑问，找不到一个能支撑方案存在的理由。大家都说了很多也说得很细，甚至于昨天提到的那种"领我走到可安息的水边"的意境也没有得到很好的体现。

9月17日 他们去大足啦

看大足石刻，考察乡村建

学校领导来关心活动情况

9月18日 视察

西安美术学院小组：现在要把这些"艺术品"从"石器时代"转化到"电脑时代"了。可以说一路上都带着自己对那块自己喜欢的石头的感觉走到现在是很难的，一直保持着那份激动的"创作"感情。呵呵……其实有点茫然都不晓得最后会出啥成果。

中央美术学院小组：制作1：500老院子基地模型，斟酌模型地盘的范围，拟定具体设计的空间、选取合适的模型材料。

以老院子基地模型为背景，分别探讨各种类型功能空间的可能，总结前面的讨论，进行复合功能空间组合的探讨，设计任务书的确定与设计方案草图。

9月16日
画草图

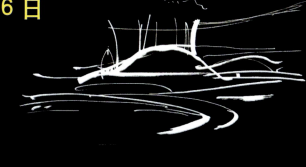

鲁迅美术学院小组：

今天老师们的活动是集体出游大足石窟。老师一走，我们的心也像飞到那片佛迹中。最想的就是能够突然转世成大睡佛，舒舒服服睡它一辈子，还有人天天供奉。

天津美术学院小组：

第一次和陌生人合作，开始蛮不习惯的，几天下来也还行了，当然其间也会有矛盾，不过人就是生活在各种各样的矛盾中的。能够适当的处理各种矛盾才能很好的生存于这个复杂的社会中。这也是成长最必要的。

9月19日
奋斗

中国美术学院：这个活动就要结束了，我们的地形还没有出来，整得我们小组成员个个紧张兮兮，一大早我和吕秋琼再次去了模型室，忐忑不安的看着模型室的肖老师，害怕听到什么刻不完的一类话，还好还好，肖老师很酷地说了句："今天加班也会把你们的模型给加工出来的。"Ohye，好消息耶，心放下了。

清华美术学院小组：

下午的时候我们这组的成员都聚在一起，我们还用照片的形式记录下了我们的工作情景，这是我们的工作日志，这让我想起了这么多天以来我们大家一起讨论设计，一起构想方案，最后出图，排版。

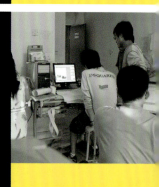

各小组介绍方案，看看他们做得怎样……

鲁迅美术学院小组：今天辅导老师拿来了我们要做的版式规划，这就喻示着我们的工作应该进入尾声。时间突然变成了一只受惊的羔羊，让人望尘莫及。我们的计划必须作出相应改变，必须丢掉我们许多舍不得丢弃的想法和工作，用"大写意"的方式表达我们的命题理念，一切都在沉寂中进行着，却比任何时间都慌乱……

9月20日
来不及啦！

9月21日
赶工

我们大家，从最初的互不认识到现在工作完成；
这些日子我们一起享受创作的过程：笑声，汗水……

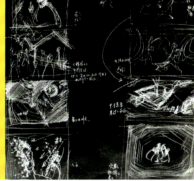

9月22日
结束了

后　　记

　　在中央美术学院、清华大学美术学院、天津美术学院、鲁迅美术学院、中国美术学院、上海大学美术学院、广州美术学院、湖北美术学院、西安美术学院、四川美术学院十所院校建筑、环境艺术设计专业学科带头人的倡导和策划下，2007年9月在四川美术学院开展了"10×5"创作活动。全国十所美院的教师能相聚重庆围绕"农村建筑"展开设计研究，这本身就是一件大事，教师们以创造精神与才华阐释了城镇化进程中对农村建筑、地方原生态建筑的尊重，同时，川美50多名学生在协助教师们的创作中受益匪浅，这些都体现出这次活动的意义所在。

　　本书展示的全部原创设计方案，充分体现了教师们对原生态农村建筑与大学新城市校园关系的独到见解。有的将农舍老院子当作可再生的要素，通过设计激活了可再生的机体，给予了生长蔓延的力量，使原生态农村建筑与现代校园的城市建筑穿插交织，对城市化进程的发展方向提出了质疑；有的就农舍老院子建筑单体进行了改造，尝试以"否定之否定"的理念和方法，永久保留下原生态建筑的符号记忆；有的依旧保留了原生态的农舍、田园和荒草山坡，强化并利用农舍老院子及环境的潜在生态过程，将具有城市功能的展场、会所置入其中，实现场所与功能的"蜕变"；有的着眼于高低起伏的山地环境及地方建筑纯朴材质，探索建构具有可变性和适应性的集约化"新农舍"建筑设计概念；有的对环境景观和农舍进行了改造、包装，强调了原生态田园景观与现代大学校园的叠加效果，试图解决传承与发展的关系等等。这些原创设计方案无不体现出教师们智慧的创新理念和辛勤的探索，以十种不同的语言方式表达了一种设计创新的理念，为城市建设中如何面对生态环境和地域建筑文化的保护提供了新的思考线索，也为建筑及环境艺术设计教学内容和方法的改革提出了若干值得研讨的问题。相信"10×5"创作活动的意义远远超出了这次活动预定的目标，它将成为建筑及环境艺术设计教育研讨和高校学术交流的一种新的形式，也是解决建筑及环境艺术领域重点问题、难点问题和社会关注的热点问题的方法研讨的新方式。

　　在这里要特别感谢建工出版社对美术院校建筑及环境艺术学科的热情关注和对这次活动的大力支持！

四川美术学院常务副院长

罗　力

2007年9月

图书在版编目（CIP）数据

10×5"再构院中院"创作活动　首届全国美术院校建筑及环艺专业教师创作提名展作品集/黄耘主编．—北京：中国建筑工业出版社，2007

ISBN 978-7-112-09656-5

Ⅰ.1⋯　Ⅱ.黄⋯　Ⅲ.①建筑设计－作品集－中国－现代②环境设计－作品集－中国－现代　Ⅳ.TU206　TU-856

中国版本图书馆CIP数据核字（2007）第162989号

责任编辑：唐　旭　李东禧
平面设计：汪　泳
责任设计：崔兰萍
责任校对：陈晶晶　关　键

10×5"再构院中院"创作活动
首届全国美术院校建筑及环艺专业教师创作提名展作品集
主编　黄　耘

＊

中国建筑工业出版社出版、发行（北京西郊百万庄）
各地新华书店、建筑书店经销
北京嘉泰利德公司制版
北京盛通印刷股份有限公司印刷

＊

开本：787×1092毫米　1/20　印张：7　字数：231千字
2007年11月第一版　2007年11月第一次印刷
定价：55.00元
ISBN 978-7-112-09656-5
　　　　(16320)

版权所有　翻印必究
如有印装质量问题，可寄本社退换
（邮政编码100037）